IPA-IAO
Forschung und Praxis

Band 185

Berichte aus dem
Fraunhofer-Institut für Produktionstechnik
und Automatisierung (IPA), Stuttgart,
Fraunhofer-Institut für Arbeitswirtschaft
und Organisation (IAO), Stuttgart,
Institut für Industrielle Fertigung und
Fabrikbetrieb der Universität Stuttgart und
Institut für Arbeitswissenschaft und
Technologiemanagement, Universität Stuttgart

Herausgeber: H.J. Warnecke und H.-J. Bullinger

Achim Langen

Ein Verfahren zur Konstruktion anwendungsoptimierter Ultraschallsensoren auf der Basis von Schallkanälen

Mit 72 Abbildungen

Springer-Verlag
Berlin Heidelberg New York
London Paris Tokyo
Hong Kong Barcelona
Budapest 1993

Dipl.-Ing. A. Langen

Fraunhofer-Institut für Produktionstechnik und Automatisierung (IPA), Stuttgart

Prof. Dr.-Ing. Dr. h. c. Dr.-Ing. E. h. H. J. Warnecke

o. Professor an der Universität Stuttgart
Fraunhofer-Institut für Produktionstechnik und Automatisierung (IPA), Stuttgart

Prof. Dr.-Ing. habil. Dr. h. c. H.-J. Bullinger

o. Professor an der Universität Stuttgart
Fraunhofer-Institut für Arbeitswirtschaft und Organisation (IAO), Stuttgart

D 93

ISBN 978-3-540-57376-0 ISBN 978-3-642-47871-0 (eBook)
DOI 10.1007/978-3-642-47871-0

Gesamtherstellung: Copydruck GmbH, Heimsheim
62/3020-6543210

Geleitwort der Herausgeber

Über den Erfolg und das Bestehen von Unternehmen in einer marktwirtschaftlichen Ordnung entscheidet letztendlich der Absatzmarkt. Das bedeutet, möglichst frühzeitig absatzmarktorientierte Anforderungen sowie deren Veränderungen zu erkennen und darauf zu reagieren.

Neue Technologien und Werkstoffe ermöglichen neue Produkte und eröffnen neue Märkte. Die neuen Produktions- und Informationstechnologien verwandeln signifikant und nachhaltig unsere industrielle Arbeitswelt. Politische und gesellschaftliche Veränderungen signalisieren und begleiten dabei einen Wertewandel, der auch in unseren Industriebetrieben deutlichen Niederschlag findet.

Die Aufgaben des Produktionsmanagements sind vielfältiger und anspruchsvoller geworden. Die Integration des europäischen Marktes, die Globalisierung vieler Industrien, die zunehmende Innovationsgeschwindigkeit, die Entwicklung zur Freizeitgesellschaft und die übergreifenden ökologischen und sozialen Probleme, zu deren Lösung die Wirtschaft ihren Beitrag leisten muß, erfordern von den Führungskräften erweiterte Perspektiven und Antworten, die über den Fokus traditionellen Produktionsmanagements deutlich hinausgehen.

Neue Formen der Arbeitsorganisation im indirekten und direkten Bereich sind heute schon feste Bestandteile innovativer Unternehmen. Die Entkopplung der Arbeitszeit von der Betriebszeit, integrierte Planungsansätze sowie der Aufbau dezentraler Strukturen sind nur einige der Konzepte, die die aktuellen Entwicklungsrichtungen kennzeichnen. Erfreulich ist der Trend, immer mehr den Menschen in den Mittelpunkt der Arbeitsgestaltung zu stellen - die traditionell eher technokratisch akzentuierten Ansätze weichen einer stärkeren Human- und Organisationsorientierung. Qualifizierungsprogramme, Training und andere Formen der Mitarbeiterentwicklung gewinnen als Differenzierungsmerkmal und als Zukunftsinvestition in *Human Recources* an strategischer Bedeutung.

Von wissenschaftlicher Seite muß dieses Bemühen durch die Entwicklung von Methoden und Vorgehensweisen zur systematischen Analyse und Verbesserung des Systems Produktionsbetrieb einschließlich der erforderlichen Dienstleistungsfunktionen unterstützt werden. Die Ingenieure sind hier gefordert, in enger Zusammenarbeit mit anderen Disziplinen, z.B. der Informatik, der Wirtschaftswissenschaften und der Arbeitswissenschaft, Lösungen zu erarbeiten, die den veränderten Randbedingungen Rechnung tragen.

Die von den Herausgebern geleiteten Institute, das

- Institut für Industrielle Fertigung und Fabrikbetrieb der Universität Stuttgart (IFF),

- Institut für Arbeitswissenschaft und Technologiemanagement (IA

- Fraunhofer-Institut für Produktionstechnik und Automatisierung (IPA),

- Fraunhofer-Institut für Arbeitswirtschaft und Organisation (IA

arbeiten in grundlegender und angewandter Forschung intensiv an den oben aufgezeigten Entwicklungen mit. Die Ausstattung der Labors und die Qualifikation der Mitarbeiter haben bereits in de Vergangenheit zu Forschungsergebnissen geführt, die für die Prax von großem Wert waren. Zur Umsetzung gewonnener Erkenntnisse wir die Schriftenreihe "IPA-IAO - Forschung und Praxis" herausgegebe Der vorliegende Band setzt diese Reihe fort. Eine Übersicht über bisher erschienene Titel wird am Schluß dieses Buches gegeben.

Dem Verfasser sei für die geleistete Arbeit gedankt, dem Springe Verlag für die Aufnahme dieser Schriftenreihe in seine Angebotspalette und der Druckerei für saubere und zügige Ausführung. Mög das Buch von der Fachwelt gut aufgenommen werden.

H.J. Warnecke H.-J. Bullinger

Vorwort

Die vorliegende Arbeit entstand während meiner Tätigkeit als wissenschaftlicher Mitarbeiter am Fraunhofer-Institut für Produktionstechnik und Automatisierung (IPA), Stuttgart.

Herrn Prof. Dr.-Ing. mult. H.-J. Warnecke danke ich für seine wohlwollende Unterstützung und Förderung, welche die Durchführung meiner Arbeit ermöglichte.

Herrn Prof. Dr.-Ing. Ph. Hartl danke ich für die Übernahme des Korreferats und die eingehende Durchsicht und Diskussion des Manuskripts.

Herrn Prof. Dr.-Ing. K.-H. Westhaus danke ich für die Durchsicht und seine Anregungen zum Manuskript. Besonderen Dank möchte ich Herrn Prof. Dipl.-Ing. U. Ahrens für die vielen fachlichen Diskussionen zum Thema sagen.

Von den Kollegen des Instituts, die mich bei der Durchführung dieser Arbeit unterstützt haben, möchte ich besonders Herrn Prof. Dr.-Ing. R. D. Schraft, Herrn Dr.-Ing. M. Schweizer, Herrn Dr.-Ing. S. Forster und Herrn Dipl.-Ing. A. Merklinger erwähnen.

Frau L. Schuhmacher, welche mich bei der Manuskripterstellung und dem Layout in hilfreicher Weise unterstützt hat, gilt mein besonderer Dank.

Die technische Seite der Arbeit mit vielen Versuchsdurchführungen und Diskussionen haben insbesonders Herr Dipl.-Ing. O. Haag und Herr N. Vasiliadis unterstützt. Sie hatten besonderen Anteil am praktischen Erfolg des vorgeschlagenen Konzepts.

Stuttgart, im Juli 1993 Achim Langen

Inhaltsverzeichnis

0 Abkürzungen und Formelzeichen

Symbol	Bedeutung	Einheit
a, b	Längenabmessung schallabstrahlender Flächen	m
a, b	allgemein verwendeter Formelparameter	
c	Schallgeschwindigkeit	m/s
d_1	Kugelwellenradius	m
d_x	Punktabstand entsprechend der Diskretisierung der schallabstrahlenden Fläche bei der FFT	m
f	Frequenz	Hz
fg	Grenzfrequenz	Hz
f_0	Helmholtz-Resonanzfrequenz	Hz
g	Abstand der Einzelelemente eines Gruppenstrahlers	m
h	Höhe	m
h_0	Hilfsvariable in der Kalottentrichtergleichung	m
$\underline{i}$	Schallintensitätsvektor als komplexe Größe	W/m²
j	imaginäre Einheit	
k	Wellenzahl	m^{-1}
l_2	Formelparameter der Kugelwellengleichung	m
l_B	Blendenlänge	m
m	Lamé-Exponent	
n	Anzahl der Elemente eines Gruppenstrahlers	1
n_y	Normalenvektor im Punkt y	m
p	Schalldruck	Pa
p	Parameter der Parabelgleichung	
$\underline{p}$	Schalldruck als komplexe Größe	Pa
p_0	Bezugsschalldruck bei Schallpegelberechnungen	Pa
p_1, p_2	Auftreffender und reflektierter Schalldruck bei Reflexionsgradmessungen	Pa
p_{nenn}	Nennschalldruck, gemessen in 1 m Abstand auf der Sensorsymmetrieachse	Pa
r	Radius, abhängige Variable in Trichtergleichungen	m
r	Ortsvektor	m
r_A	Aperturradius	m
r_0	Anfangswert des Trichterradius	m
r_1, r_2	Schallaufweg	m
r_B	Blendenradius	m
r_n	Nennabstand für die Berechnung der Richtcharakteristik	m

Symbol	Bedeutung	Einheit
$r(t)$	Trichterradius in Abhängigkeit von der Trichterttiefe t	m
t	Zeit	s
t	Trichtertiefenvariable	m
t_0	Trichtertiefenparameter	m
v	Betrag der Schallschnelle	m/s
$\underline{v}$	Schallschnellevektor als komplexe Größe	m/s
v_0	Betrag der normierten Schallschnelle	m/s
v_n	Betrag der Normalschallschnelle	m/s
v_x, v_y, v_z	Betrag der Richtungskomponenten der Schallschnelle	m/s
$\underline{v}_x, \underline{v}_y, \underline{v}_z$	Richtungskomponenten der Schallschnelle als komplexe Größe	m/s
v'	Betrag der wirksamen Schallschnelle bei der Dimensionsreduktion	m/s
x	kartesische x-Koordinate	
x'	unabhängige Formelvariable im transformierten Koordinatensystem zur Dimensionsreduktion	
x	Ortsvektor	m
y	kartesische y-Koordinate	
y_{min}, y_{max}	Extremwerte der Schallstrahlerabmesssungen	m
y	Ortsvektor	m
z	Betrag der Schallkennimpedanz	Ns/m³
$\underline{z}$	Schallkennimpedanzvektor als komplexe Größe	Ns/m³
A	Schallkanal-Funktionseinheit: Apertur	
AC	Wechselspannung	
Ages	Abmessung des Schnellefensters bei der eindimensionalen Fourier-Akustik	m
B	Schallkanal-Funktionseinheit: Blende	
BEM	Boundary-Element-Methode	
BM	Grenzflächennetz (Boundary-Mesh)	
CAD	Computer-Aided-Design	
CNC	Computerized Numerical Control	
D/A	Digital-Analog-Wandler	
DC	Gleichstrom	
DK	Schallkanal-Funktionseinheit: Druckkammer	
D_s	Punktabstand im FPM und BM	m
F	F-Typ: Bezeichnung für Ultraschallkopfvariante	
FEM	Finite-Element-Methode	

Symbol	Bedeutung	Einheit
FFT	Fast Fourier Transformation	
FPM	Feldpunktnetz (Field-Point-Mesh)	
FTS	Flexibles Transportsystem	
G	Green'sche Funktion	
I	Oberflächenintegral der BEM	
IEC	IEC-Bus, parallele Schnittstellennorm	
Im	Imaginärteil	
J_1	Besselfunktion 1. Ordnung	
K	Reflexionsfaktor	%
K_1, K_2	Parameter der entfernungsabhängigen Dämpfung der Schallausbreitung	dB
KF	Koordinatenflächen orthogonaler Systeme	
K_{Objekt}	Objekt-Reflexionsfaktor	-
K_x, K_y	Ortswellenzahl: Komponente des Wellenvektors in x-bzw. y-Richtung	
L1, L2	Trichtertiefenparameter	m
LK_{Objekt}	Objekt-Reflexionspegel	dB
Lp	Schalldruckpegel	dB
Lt	Trichtertiefe	m
N	Nahfeldlänge	m
N	N-Typ:Bezeichnung für Ultraschallkopfvariante	
N	Anzahl der FFT-Abtastwerte	-
R	Radius	m
R1, R2, R3	Radius, Parameter in Trichtergleichungen	m
Re	Realteil	
S	Fläche	m²
T	Schallkanal-Funktionseinheit: Trichter	
U	Spannung	V
US	Abkürzung für Ultraschall	
V	Volumen	m³
V_{DK}	Druckkammervolumen	m³
$V(K_x)$	Schallschnelle im Spektralbereich der FFT	
W	Schallkanal-Funktionseinheit: Wandler	
W	W-Typ:Bezeichnung für Ultraschallkopfvariante	
α	wirksamer Absorptionskoeffizient	m^{-1}
β	Öffnungswinkel der Hauptkeule bei ΔLp = -3 dB	°
$\Gamma(\varphi)$	winkelabhängige Richtcharakteristik	-
δ	partielle Ableitung	

Symbol	Bedeutung	Einheit
Δl_B	Mündungskorrektur	m
ΔLp	Differenz zwischen zwei Schalldruckpegeln	dB
ΔNK	Nebenkeulendämpfung	dB
Δr	Verschiebung des Trichterradius	m
ζ	Wuchsmaß von Exponential- und Kalottentrichtern	-
λ	Wellenlänge	m
μ	Drucksprung	Pa
ρ	Dichte	kg/m³
σ	Schnellesprung	m/s
φ	Winkelvariable der Richtcharakteristik	°
χ	Schallkeulengradient	dB/°
ψ	Phase	°
$\Psi_{vx}, \Psi_{vy}, \Psi_{vz}$	Phasenkomponenten der Schnelle in x, y und z-Koordinatenrichtung	°
Ψ_i	Phase der Schallintensität	°
Ψ_p	Phase des Schalldrucks p	°
ω	Kreisfrequenz	s^{-1}
∇	Nabla-Operator	

1 Einleitung

In vielen Anwendungen ist es notwendig, daß durch Sensoren Informationen innerhalb eines Automatiserungsprozesses aufgenommen und verarbeitet werden. In diesen Fällen beeinflußt die Funktion und Qualität der gewählten Sensorik wesentlich den Erfolg des gesamten Automatisierungsvorhabens. Der Einsatz von Sensoren in der industriellen Automation verringert die Gesamtkosten, z.B. indem Beschädigungen ferngesteuerter Fahrzeuge vermieden werden und erhöht die Verfügbarkeit der Automatisierungseinrichtung. Am weitesten verbreitet sind einfache Sensoren wie Schalter oder Lichtschranken sowie anspruchsvollere Sensoren für die Qualitätsprüfung.

Aus der Vielfalt der physikalischen Wirkprinzipien ermöglicht der Luftultraschall robuste und kostengünstige Sensorbauformen mit gut nutzbaren Erfassungsbereichen. Ultraschallsensoren mit Frequenzen von 40 bis 400 kHz, ausgelegt als einfacher Schalter oder Entfernungsmesser kann man auf dem Markt kaufen. Eingesetzt werden sie in der Automatisierungstechnik, Fördertechnik und Maschinenüberwachung in hohen Stückzahlen.

1.1 Problemstellung

Die Meßergebnisse mit Ultraschallsensoren sind für viele Anwendungen nicht ausreichend genau oder nicht zuverlässig genug. Ein Grund dafür ist die Tatsache, daß das Reflexionsverhalten verschiedener Meßobjekte stark unterschiedlich, aber nicht exakt bekannt ist. Viele Sensoren sind in rauhen Umgebungsbedingungen nicht einsetzbar, obwohl gerade dort ein großer Anwendungsbedarf zur Automatisierung besteht. Daher ist, abgesehen von Forschungsversuchen, der Einsatz von Ultraschallsensoren in vielen Anwendungsbereichen noch nicht erfolgt.

Andererseits ist für die deutsche, insbesondere mittelständische Industrie die Sensortechnik ein expandierender Markt. Standardsensoren sind bereits mit hohen Stückzahlen eingeführt. Anwendungsoptimierte Sensoren für die mit diesen Standardsensoren nicht abdeckbaren Anwendungen sind daher interessant.

1.2 Zielsetzung

Ausgangspunkt für diese Arbeit ist die Idee, mit Hilfe der bekannten, robusten und preiswerten Luftultraschallsensoren Maßanfertigungen für die verschiedensten, auch komplexen Meßaufgaben und Einsatzbereiche in der Robotik zu erstellen.

Wie in der Photographie durch Wahl der Brennweite, Blendenöffnung, Schärfe und Motivausschnitt das Bild in seiner Kernaussage auch ohne aufwendige Nachbearbeitung entsteht, soll durch anforderungsgerechte Gestaltung der Schallköpfe die vom Sensor aufgenommene Information bereits zu Beginn der Datenflußkette auf das Ziel der Messung ausgerichtet sein.

Um dieses Ziel zu erreichen, sind folgende Punkte zu klären:

- Zunächst ist ein umfassendes Verständnis aller an der Messung beteiligten physikalischen Vorgänge erforderlich. Die Effekte, welche das Meßergebnis bestimmen, sollen so erfaßt werden, daß die gezielte Umsetzung in eine anwendungsoptimierte Konstruktion möglich wird.
- Desweiteren sind die möglichen Konstruktionsarten für einen anwendungsoptimierten Schallkopf und die Abstimmung der Konstruktionsdetails auf die gewünschte Ausbreitung des Schalls zu klären.
- Mit der Wahl der Hornkonstruktionen als Strahlformungselement ergibt sich ein akustisches Element, dessen physikalische Eigenschaften noch nicht ausreichend erforscht sind. Ein wesentliches Ziel der Arbeit liegt darin, ein Verfahren aufzuzeigen, das eine zielgerichtete Entwicklung solcher Elemente ermöglicht, aus denen dann aufgabenspezifisch optimierte Luftultraschall-Sensoren aufgebaut werden können.

1.3 Vorgehensweise

Die Forschung im Bereich der Luftultraschalltechnik, sowie relevante Sensoranwendungen aus den Gebieten Festkörperschall und Flüssigkeitsschall werden betrachtet. Damit ergibt sich das Umfeld der Sensoranwendungen und eine Klassifizierung der einzelnen Meßaufgaben und Randbedingungen. Die Abschätzung erzielbarer Leistungseigenschaften in Verbindung mit der Grobkonzeption des zu entwickelnden Ultraschallsensors macht die technischen Anforderungen greifbar.

In einer anwendungsbezogenen Konkretisierung werden eine Reihe von Schallkopfvarianten hergeleitet und in den technischen Anforderungen beschrieben.

Die Abstrahleigenschaften eines Schallkopfes können durch verschiedene konstruktive Maßnahmen beeinflußt werden. Schallkanäle, akustische Linsen und Reflektoren werden analysiert und für eine nähere Untersuchung der Piezowandler und der Schallkanal ausgewählt.

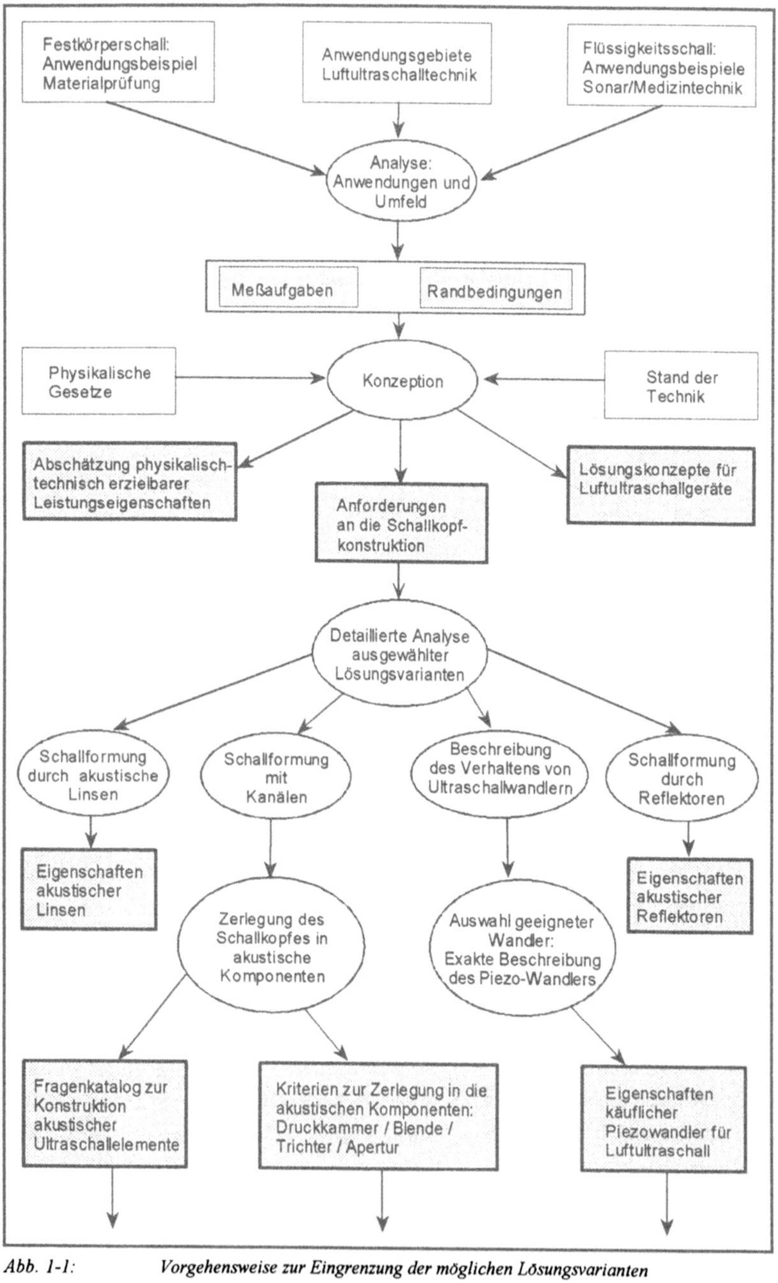

Abb. 1-1: Vorgehensweise zur Eingrenzung der möglichen Lösungsvarianten

Der Schallkanal wird in die akustischen Komponenten Druckkammer, Blende, Trichter und Apertur zerlegt. Die verwendeten Verfahren und Meßaufbauten zur Erfassung der Schallkanaleigenschaften werden erläutert und die Ergebnisse anhand von Fallbeispielen dargestellt.

Mit der Simulationstechnik und dem Versuchsmusterbau kann eine gegebene Konstruktion gezielt auf die Anwendungstauglichkeit untersucht werden. Die Vielfalt der konstruktiven Möglichkeiten, Formvarianten und Anordnung der Schallkanalelemente wird durch einen Annahmen- und Regelkatalog eingeschränkt.

Zum Nachweis der Umsetzbarkeit des Konzeptes werden Schallköpfe für verschiedene Meßaufgaben in typischen Anwendungsbereichen der Robotik und Automatisierungstechnik konstruiert und gebaut. Die erzielten Leistungseigenschaften werden diskutiert, Simulationsergebnisse und gemessene Leistungsdaten gegenübergestellt.

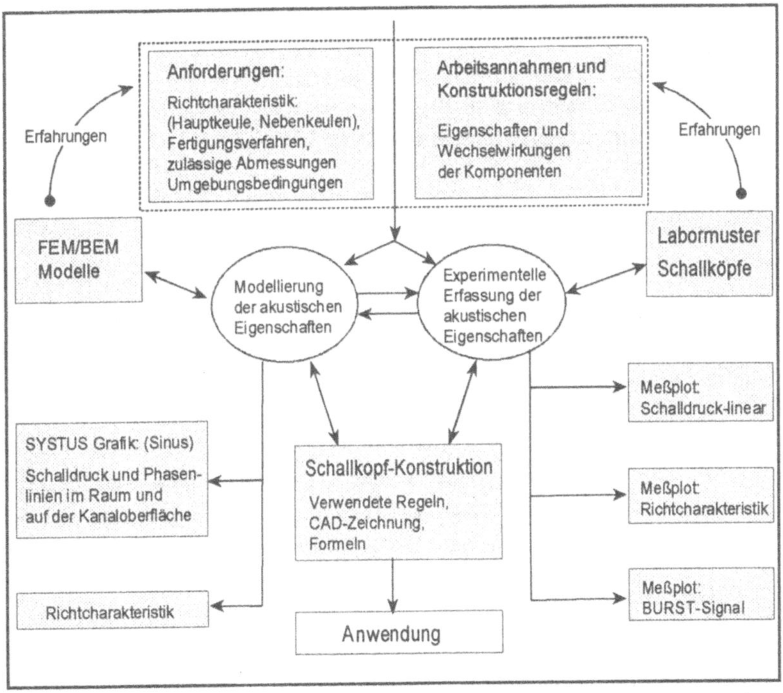

Abb. 1-2: *Vorgehensweise zur Untersuchung der konstruktionsbestimmenden Eigenschaften akustischer Elemente durch Messungen an Labormustern und Simulation*

2 Ausgangslage

2.1 Begriffe und Definitionen

2.1.1 Begriffe zur Ultraschall-Akustik

Ultraschall

Mit Ultraschall (US) wird der Teil der Akustik bezeichnet, der aufgrund seiner hohen Frequenzen (in Luft ca. 20...1000 kHz) der menschlichen Wahrnehmung nicht zugänglich ist /kuttruff_88/. Es gelten für die Schallentstehung und Schallausbreitung bei den Ultraschallfrequenzen die gleichen physikalischen Gesetze wie für den Hörschall. Die wichtigste Kennzahl eines Ausbreitungsmediums ist die Schallgeschwindigkeit c und damit verknüpft die Wellenlänge λ. Beugungserscheinungen treten auf, wenn die Abmessungen des betrachteten Schallfeldes oder eines Meßobjektes in der Größenordnung der Wellenlänge liegen. Ist die Abmessung des betrachteten Schallfeldes groß gegenüber λ, gelten die aus der geometrischen Optik bekannten Gesetze der geometrischen Akustik in guter Näherung. Die Schallgeschwindigkeit in Luft ändert sich mit der Temperatur, Feuchte und Luftzusammensetzung (z.B. CO_2-Gehalt). In der praktischen Anwendung kostengünstiger, allgemein einsetzbarer Geräte wird meist nur der Temperatureinfluß kompensiert.

Schallfeld

Als Schallfeld wird der mit Materie erfüllte Raum bezeichnet, in dem sich Schall ausbreitet. In Gasen und Flüssigkeiten als schubspannungsfreien Medien treten nur Longitudinalwellen auf /cremer_85/. Das Auftreten von Schallwellen ist durch räumliche und zeitliche Schwankungen der Gasdichte gekennzeichnet. Nach /din_1320/ werden folgende Größen als Schallfeldgrößen bezeichnet: Schalldruck, Schallschnelle, Schallausschlag, Schnellepotential, Schallfluß. Zur Beschreibung eines Schallfeldes genügt die Angabe der Orts- und Zeitabhängigkeit zweier Schallfeldgrößen, wobei man in der Praxis meist Schalldruck p und Schallschnelle v angibt. Die raumzeitliche Ausbreitung einer Schallwelle wird durch die Helmholtz'sche Wellengleichung beschrieben /rieländer_82/.

Schallpegel

In der Akustik wird meist der Schalldruckpegel Lp als logarithmisches Größenverhältnis des Schalldrucks verwendet /din_5493/, weil bei akustischen Messungen oft sehr große

Spannen zwischen oberem und unterem Grenzwert auftreten können. Es gilt folgende Gesetzmäßigkeit:

$$Lp = 20 \cdot \log_{10}\left(\frac{p}{p_0}\right) \qquad \text{mit } p_0 = 2 \cdot 10^{-5}\,\frac{N}{m^2} \qquad (2\text{-}1)$$

Schallwelle

Eine Schallwelle ist ein sich zeitlich und räumlich verändernder Bereich, in dem die Schallfeldgrößen jeweils gleiche Werte der Amplitude, Phase und Richtung annehmen. Eine Wasserwelle kann für viele Eigenschaften vergleichsweise herangezogen werden.

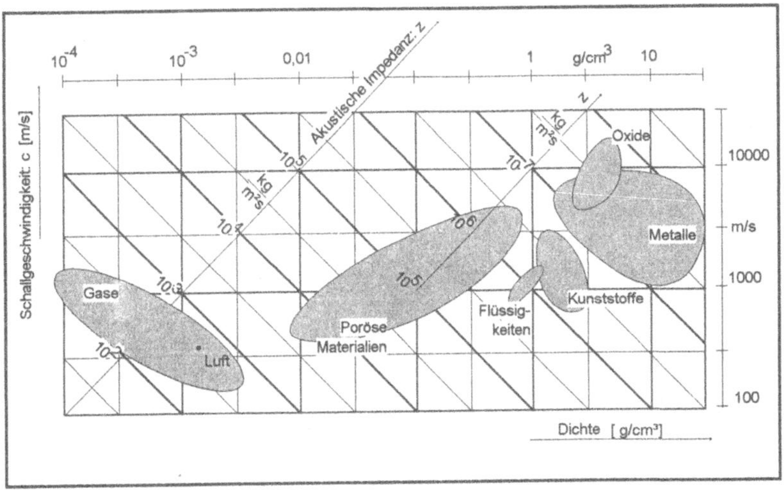

Abb. 2-1: *Kennzahlen der Schallwellenausbreitung: Longitudinale Schallgeschwindigkeit c und Dichte ρ spannen das Feld der akustischen Impedanzen z = ρ · c auf.*

Strahlungsimpedanz / akustische Impedanz

Der Schwingung einer schallabstrahlenden Fläche wirkt die Reaktion des umgebenden Mediums entgegen, die man durch dessen Strahlungsimpedanz kennzeichnet. Es sind verschiedene aus den Grundgrößen des Schallfelds abgeleitete Definitionsformeln bekannt, welche die Dichte und Schallgeschwindigkeit des Mediums und die Abmessungen begrenzender Flächen sowie die auftretende Wellenform berücksichtigen. Im Folgenden wird die akustische Kennimpedanz $z = \rho \cdot c$ verwendet, mit der Dichte ρ und der Schallgeschwindigkeit c /kuttruff_88/. Die Wertebereiche sind Abb.2-1 zu entnehmen.

2.1.2 Begriffe zur Ultraschall-Gerätetechnik

Schallkopf und Ultraschallsensor

Ein Ultraschall-Sensor setzt sich aus den Komponenten Schallkopf, Ansteuerungselektronik für den Sendeteil und Auswerteelektronik für den Empfängerteil zusammen. Ein Schallkopf besteht aus einem oder mehreren Schallwandler(n), Elementen zur Schallkeulenformung und dem Gehäuse. Sender und Empfänger können in einem eigenen oder in einem gemeinsamen Schallkopf aufgebaut sein.

Laufzeitmessung

Der Sender strahlt in bestimmten Zeitabständen eine Anzahl von Schwingungen ab, die als Pulspaket oder Burst bezeichnet werden. Ist ein reflektierendes Objekt vorhanden, so entstehen Echosignale, die um die Signallaufzeit verzögert zum Empfänger gelangen. Gemessen wird die Zeitdauer zwischen Sendeimpuls und Echosignal. Multipliziert man die Hälfte dieses Zeitwertes mit der Schallgeschwindigkeit c, so erhält man den Abstand zwischen Sensor und Objekt. Die Erkennung eines Objektes durch den Ultraschallsensor ist im wesentlichen bedingt durch die ausgesendete Schallenergie (Sendekeule), die Dämpfung des Schalls in der Luft, die Reflexionseigenschaften des Objektes und die Empfängerempfindlichkeit (Empfangskeule).

Schallkeule

Die Schallkeule oder Abstrahlcharakteristik eines Senders (Lautsprecher) beschreibt die Schalldruckpegelverteilung im gesamten räumlichen Schallfeld. Nach dem Reziprozitätsgesetz /rieländer_82/ gelten gleiche Verhältnisse für den Empfangsbetrieb, so daß die Schallkeule auch zur Beschreibung der Empfindlichkeitsverteilung des Empfängers (Mikrofon) verwendet wird.

Richtcharakteristik

Die Richtcharakteristik beschreibt in normierter Darstellung /din_45630/ die Richtungsabhängigkeit der Schallabstrahlung bzw. Empfindlichkeitsverteilung als Polardiagramm. Sie wird bei einer festen Entfernung von 1 m oder 1 foot = 0,304 m gemessen. Beispiele sind in Abb. 2-2 für kommerzielle Ultraschallwandler aufgeführt. Zur Laufzeitmessung werden Schallköpfe mit Richtcharakteristiken verwendet, die ein ausgeprägtes Hauptmaximum, die sogenannte Hauptkeule, aufweisen. Die Schallabstrahlung außerhalb der Hauptkeule in Form von Nebenkeulen oder Hauptkeulen höherer Ordnung stört bei der Sensoranwendung.

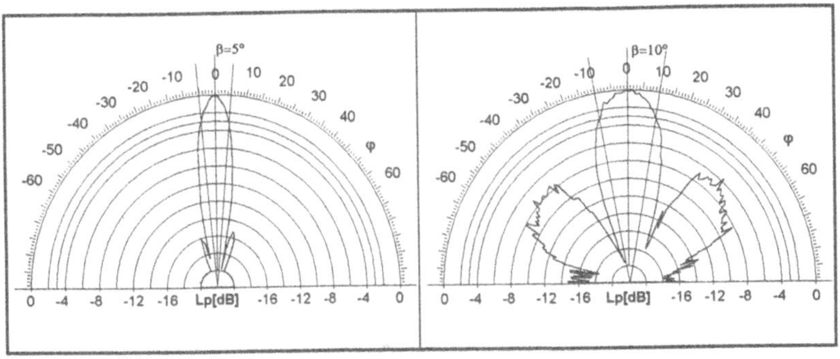

Abb. 2-2: *Gemessene Richtcharakteristiken kommerziell erhältlicher Ultraschallwandler. Der Polaroid-Sellstrahler (40 bis 65 kHz) und der MASSA-Piezowandler (40 kHz) können beide sowohl als Sender als auch als Empfänger verwendet werden.*

Die Hauptkeule wird durch den Öffnungswinkel β beschrieben, unter dem der Schalldruckpegel um 3 dB zurückgegangen ist. Zur Beschreibung von nicht-achsensymmetrischen, räumlichen Abstrahlungs- bzw. Empfindlichkeitsverteilungen werden entsprechend mehrere Öffnungswinkel für Richtcharakteristiken in verschiedenen Schnittebenen angegeben.

Fokussierung und Bündelung

Eine in der Richtcharakteristik sichtbare Schallkonzentration in der Hauptkeule wird als Bündelung bezeichnet. Eine örtliche Schallkonzentration ist eine Schallfokussierung. Die Fokussierung entsteht z.B. durch Reflexion, Brechung oder Schallabstrahlung einer gekrümmten Oberfläche /rieländer_82/, so daß sich eine entfernungsabhängige Richtcharakteristik ergibt. Fokussierende Schallköpfe können damit nur in dem Entfernungsfenster gut eingesetzt werden, auf das sie fokussiert sind, nicht über einen weiten Abstandsbereich. Sie werden deshalb selten für Luftultraschall verwendet.

Meßcharakteristik und Gesamtempfindlichkeit

Die Meßcharakteristik beschreibt die Eigenschaft des Ultraschall-Sensors, ein reflektierendes Objekt in einer bestimmten Umgebung (Hintergrund) auszumachen. Sie entsteht durch das Zusammenspiel von Abstrahlcharakteristik des Senders, der Empfangscharakteristik des Empfängers und dem Verhalten der Sensorelektronik. Eine hoch eingestellte Gesamtempfindlichkeit ermöglicht die Erkennung kleinster Objekte, z.B. Hindernisse auf der Fahrbahn eines mobilen Roboters, macht aber den Sensor störempfindlicher. Ein Sensor mit niedriger Gesamtempfindlichkeit benötigt eine große, ebene Objektfläche als Reflektor, reagiert aber weniger stark auf Störungen.

2.2 Anwendungsgebiete der Ultraschalltechnik

Um zu anwendungsoptimierten Varianten von Ultraschall-Sensoren zu kommen, ist es von Vorteil, den hohen Kenntnisstand und Gerätestandard bestehender Anwendungen aus den Gebieten Festkörper- und Flüssigkeitsschall zu kennen und zu nutzen. Luftschallanwendungen sind hauptsächlich aus der Automatisierungstechnik bekannt. Besondere Bedeutung hat in den letzten Jahren der Einsatz von Ultraschallsensoren für mobile Roboter gewonnen.

2.2.1 Allgemeine Anwendungsbereiche der Ultraschalltechnik

Die ersten Erfindungen zur Erzeugung und Messung von Ultraschall stammen aus dem 19. Jahrhundert. Der erste große Anwendungsschub kam mit der Nutzung der Ultraschall-Ortung in den beiden Weltkriegen /millner_87/. Das Sonar (Sound Navigation and Ranging) gehört heute zum Standard auch einer zivilen Bootsausrüstung.

Danach wurden zunächst Leistungsschall-Anwendungen, z.B. die Ultraschall-Reinigungstechnik oder das Ultraschall-Schweißen in Forschung und Entwicklung angegangen. Die zerstörungsfreie Materialprüfung hat in den letzten Jahrzehnten mit Prüftechnologien und Verfahren sowie Darstellungsweisen eine hohe Bedeutung erlangt /krautkrämer_75/. Die Beurteilung der Sensorsignale und Auswahl des adäquaten Prüfverfahrens werden vom Prüfpersonal vorgenommen. Ähnlich ist es in dem wichtigen Feld der medizinischen Ultraschall-Diagnostik. Hier werden bereits sehr leistungsfähige Meßsysteme eingesetzt. Zur Erkennung und Auswertung bestimmter Situationen wird in der Ultraschall-Diagnostik und Materialprüfung der Schallkopf und das Darstellungsverfahren vom Benutzer spezifisch gewählt. Der Meßort wird gezielt variiert, um möglichst gut interpretierbare Abbildungen, z.B. der Organe, zu erhalten. Die Anzeige erfolgt optisch mit Pulslaufzeit und Intensität, z.T. auch der Pulsform. Die Interpretation der entstehenden Bilder wird durch Masken oder weitere elektronische Aufbereitung erleichtert. Diese enthalten a-priori Wissen über die Echointensitäten bekannter Objekte in der Entfernungs- und Richtungsabhängigkeit.

In anderen bekannten Gebieten der Ultraschalltechnik, z.B. dem SONAR, sind die Sensoren nicht aufgabenspezifisch wechselbar und der Meßort von anderen Faktoren, z.B. der Position eines Schiffes, bestimmt. Hier werden meist Scanner eingesetzt, bei denen die Meßcharakteristik und Meßrichtung elektronisch optimiert werden können /kuttruff_88/, /millner_87/, /skolnik_68/.

Luft-Ultraschall wird zu Kommunikations- und Meßzwecken genutzt /ahrens_85/. Zur Kommunikation werden Informationen im Schallsignal kodiert. Bis vor einigen Jahren wurden solche Systeme für Fernbedienungen von Fernsehgeräten und Garagentoren verwendet. Heute hat sich in diesen Anwendungen die Infrarottechnik aufgrund der geringeren Störanfälligkeit durchgesetzt. Ein spezielles Anwendungsgebiet ist die Unterstützung von blinden Menschen mit einer Ultraschall-Ortungshilfe /kay_83a/. Hier werden alle Möglichkeiten der Wandlertechnik und Signalverarbeitung genutzt, um für den Blinden ein möglichst gutes und nach einer gewissen Lernphase schnell interpretierbares "Bild" seiner Umgebung zu erzeugen.

2.2.2 Anwendung von Luftultraschallsensoren in der Automatisierungstechnik

Für die Automatisierungstechnik sind die Sensordaten meist soweit in Verbindung mit der Messung oder durch eine geeignete Auswertung zu reduzieren, daß sie direkt in ein Steuersignal für die jeweilige Automatisierungseinrichtung umgesetzt werden können. Die größten Einsatzzahlen von Ultraschallsensoren werden in den Bereichen Füllstandsmessung, Schüttgutkontrolle und einfache Objektdetektion erzielt /ballhaus_81/.

Viele "klassische" Anwendungsfälle im Industrieroboter-Bereich konnten bisher ohne Sensoreinsatz zuverlässiger und preiswerter gelöst werden /abele_86/, /schraft_89/, allerdings erst nach vorheriger automatisierungsgerechter Gestaltung der Anlage. Sensorsignale, die von der Industrieroboter-Steuerung abgefragt und im Bewegungsablauf berücksichtigt werden müssen, führen fast immer zu einer Verlangsamung des Gesamtprozesses. Erst Steuerungen der neuesten Generation erlauben einen sinnvollen sensorgeführten Betrieb /drunk_86/, weil sie eine schnelle, zielgerichtete Reaktion des Industrieroboters auf die übermittelten Sensordaten ermöglichen. Wichtige Sensoraufgaben im Industrieroboter-Betrieb sind die Anwesenheitskontrolle von Objekten im Robotergreifer oder von Teilen in Magazinen sowie die Werkstückentnahme von bewegten Fördermitteln (Hängeförderer oder Förderband). Die Bestimmung einer Zielposition (Montageposition, Fügebewegung) wird z.B. im Automobilbau bei der Scheiben- und Türmontage oder zum Anschweißen von Türscharnieren gebraucht.

Ultraschallsensoren werden zur Absicherung gegen Kollisionen bei Annäherung des Greifers an ein Handhabungsobjekt oder als Ergänzung zu Bildverarbeitungsystemen verwendet. Meßbereich und Öffnungswinkel des Ultraschall-Sensors sollten dem Arbeitsraum des Industrieroboters angepaßt sein.

Der Kollisionsschutz des gesamten Roboterarms als zeitveränderlicher Arbeitsraum durch an den Arm montierte Ultraschallsensoren, die ein berührungsloses, unsichtbares Sicherheitvolumen bilden, konnte bisher nicht realisiert werden. Dies ist eine oft von der Sicherheitstechnik, insbesondere für den Einrichtbetrieb gewünschte Funktion.

Mobile Roboter werden in den Bereichen der Fördertechnik, der industriellen Reinigung sowie der Überwachungs- und Fernhandhabungstechnik zunehmend eingesetzt /drunk_87/. Hier ist von der Rechnersteuerung die Integration und Weiterverarbeitung von Sensorsignalen vorgesehen, weil diese Anwendungsgebiete wesentlich von nicht vorhersehbaren Ereignissen geprägt sind. Sensoren werden hier benötigt für die Ortung (Lagebestimmung des Fahrzeugs) /drumheller_85/ und für die Objektdetektion zwecks Kollisionsschutz bzw. Objekterkennung zur Erzeugung von Ausweichbewegungen /drunk_90/. Auch Anwendungen in der Landwirtschaft wurden bereits untersucht /thomas_84/.

Die Anwendung von Ultraschall-Komponenten im Haushalt und Kraftfahrzeug stellt eine neuere, noch nicht ausgeschöpfte Anwendungsrichtung mit hohen erwarteten Stückzahlen dar /biehl_83/. Gleiches gilt für andere Wirkungsbereiche der Automatisierungstechnik, die nicht aus dem Bereich der industriellen Fertigung stammen. Dienstleistungsroboter müssen sich oft an ihre Umgebungen anpassen /schraft_92/. Hier sind Ultraschallsensoren insbesondere zur Objektdetektion, Entfernungsmessung und Lageerkennung gefordert.

Der Vergleich der angeführten Anwendungsgebiete zeigt eine große Differenz in der Verbreitung und Leistungsfähigkeit der eingesetzten Verfahren. Verglichen mit den Festkörper- und Flüssigkeitsschallanwendungen liegen die Luftultraschallanwendungen bisher eingesetzter Technologien auf einem niedrigen Niveau. Um den Stand der Technik der Luftultraschallanwendungen voranzutreiben, können bekannte Technologien aus den fortgeschritteneren Gebieten übertragen werden /björnö_88/. Die Vielzahl der Anwendungsgebiete kann durch die Reduktion der Meßaufgaben unter Berücksichtigung der Randbedingungen auf einen gemeinsamen Nenner gebracht werden.

2.3 Übersicht der Meßaufgaben und Randbedingungen für Sensoren

Die Meßaufgaben von Sensoren können trotz der unterschiedlichen Anwendungsgebiete in wenige Gruppen eingeteilt werden: Präsenz-, Abstands- und Geschwindigkeitsmessung.

Abb. 2-3 zeigt eine Übersicht der bekannten Anwendungsgebiete in Zusammenhang mit den dort erforderlichen Meßaufgaben, die durch eine Analyse der in den letzten Jahren auf dem Markt präsenten Geräte und Applikationshinweise erstellt wurde. Ohne Anspruch auf Vollständigkeit zeigt diese Übersicht die Verteilung der Ultaschall-Technologie in weiten Bereichen der Produktions- und Fördertechnik.

A	Bewegung melden / Geschwindigkeit messen (von Objekten in Luft)
B	Anwesenheit von Objekten erfassen (Schranke)
C	Anwesenheit von Objekten erfassen (Reflexbetrieb)
D	Entfernung messen
E	Dicke bestimmen
F	Objektkante vermessen
G	Objektkontur abtasten
H	Objektlage bestimmen
I	Objekt identifizieren
J	Information übertagen
K	Freien Raum erkennen (Seitenobjekte erfassen)

	Anwendungsfelder	*A*	*B*	*C*	*D*	*E*	*F*	*G*	*H*	*I*	*J*	*K*
Verfahrenstechnik												
1.	Füllstand regeln / überwachen			X	X							
Fertigungstechnik												
2.	Maschinen überwachen; z.B. Pressen		X	X	X							
3.	Montagetechnik: z.B. Kollisionsvermeidung, Fügeunterstützung, Zielorientierte Bereitstellung			X	X		X			X		
4.	Qualitätskontrolle					X		X		X		
5.	Handhabungstechnik: z.B. Entpalettieren				X		X		X	X		
Fördertechnik												
6.	Förderband: Schüttgutkontrolle		X	X								
7.	Förderband: Schüttgut-Mengenmessung				X			X				
8.	Förderband: Stückgut-Kontrolle		X	X			X		X	X		
9.	Hochregal-Lager: Kollisionsschutz Regalbediengerät, Fächerbelegung				X				X	X		
10.	Fahrerlose Transportsysteme		X[1]	X								
Von Menschen geführte Geräte / Fahrzeuge												
11.	Gabelstapler: Navigationshilfe			X	X							
12.	LKW / PKW: (Rückwärtsfahren, Einparken, Alarmanlagen)		X		X	X						
13.	Telemanipulatoren (z.B. Polizei)			X	X							X
14.	Hallenkrane: Auffahrschutz		X[2]									
Mobile Roboter / Autonome Fahrzeuge allgemein												
15.	Leitdrahtlose FTS			X	X		X[3]	X[4]		X	X	
16.	Autonome Wachroboter-Fahrzeuge	X		X	X			X		X		X
17.	Autonome Reinigungsfahrzeuge			X	X					X		X
Gebäudetechnik												
18.	Automatische Türöffner			X								
19.	Sicherheitstechnik Bewegungsmelder	X	X									
20.	Fernbedienungen: Garagen, TV										X	
Außenanwendungen (Extreme Umweltbedingungen)												
21.	Bergbau			X	X			X				
22.	Militär; Autonome Fahrzeuge	X		X	X							X
23.	Kerntechnik, Katastrophenschutz			X	X							X
		A	*B*	*C*	*D*	*E*	*F*	*G*	*H*	*I*	*J*	*K*

1 Auffahrsicherung ist mit speziellen Sendern / Empfängern an der FTS Front-/Rückseite möglich
2 Auffahrsicherung ist mit speziellen Sendern / Empfängern an den Seiten der Kräne möglich
3 Andockfunktion 4 Andocken oder Fahren entlang einer Wand oder in einem Gang

Abb. 2-3: Meßaufgaben für Sensoren in der Automatisierungstechnik

Der Einsatzbereich Kollisionsschutz und Objektdetektion (Meßaufgabe B und C in Abb. 2-3) ist z.B. für die Maschinenüberwachung, den sicheren Betrieb fahrerloser Transportfahrzeuge und autonomer mobiler Roboter interessant /dance_78/. Allen Anwendungsgebieten gemeinsam ist die Meßaufgabe, die darin besteht, daß ausgehend von einem Punkt oder einer Fläche ein bestimmter Raum erfaßt werden soll. Die Anwesenheit bzw. Abwesenheit von weitgehend unbekannten Objekten soll zuverlässig angezeigt werden. Damit sind die Anforderungen bzgl. Reichweite, Erfassungswinkel, Erfassungszeit und Genauigkeit gegeben.

Doch nicht nur die Meßaufgabe, sondern auch die Randbedingungen können für die Eignung des Sensors entscheidend sein. Der Bereich außerhalb des Meßraumes soll in vielen Anwendungen keinen Einfluß auf den Sensor haben. Objekte in sicherer Entfernung im Hintergrund sollen genausowenig einen Notstopp der Transporteinrichtung auslösen wie eine kleine Unebenheit im Boden.

Montagebedingungen am Einbauort		
Einbautiefe, Anbauart und Ausrichtung		
Gesamtvolumen des Sensors		
Zulässiges Gewicht des Sensors		
Finanzielle Gesichtspunkte		
Stückpreis		
Stückzahl in einer Anwendung		
Stückzahl auf dem Gesamtmarkt		
Schnittstellen		
Einsatz als Einzelgerät mit Anzeige		
Einsatz mit Binärschnittstelle		
Einsatz in Verbindung mit einem Prozeßrechner		
Betrieb mit fester Einstellung oder vom Anwender gesteuert		
Umgebungsbedingungen im Betrieb / Meßqualität		
Temperatur:	der Luft / des Meßobjekts / des Sensors	
Feuchte:	Luftdämpfung / Betauung des Sensors	
Zusammensetzung:	der Luft / Explosionsschutz	
Aerosole:	Staub in der Luft / Belag auf dem Sensor	
Störschalleinflüsse		
Extern erzeugter Schalldruckpegel im Frequenzbereich des Ultraschall-Empfängers		
Verwendung mehrerer Ultraschall-Sensoren mit überlappenden Einsatzbereichen (Blendwirkung)		
Umgebungsbedingungen bei der Lagerung des Sensors		
Temperatur	Schockbelastung, Stoßbelastung	Agressive Medien / Strahlung

Abb. 2-4: Randbedingungen für den Einsatz von Ultraschallsensoren

In vielen Anwendungsbereichen insbesondere der industriellen Automation werden mittlerweile so viele Sensoren eingesetzt, daß die Systeme beginnen, sich gegenseitig zu stören. Dies ist besonders kritisch, wenn die Sensoren mit einem Fahrzeug zu verschiedensten Orten bewegt werden, weil bisher die Ausblendung von Querstörungen nur durch entsprechende Ausrichtung bei der Anlagenmontage erreicht wird.

Die zusammengesetzten Meßaufgaben erfordern eine Anzahl von Einzelmessungen. Dabei können die Messungen von einem Sensor nacheinander oder von mehreren Sensoren gleichzeitig an verschiedenen Positionen vorgenommen werden. Sensorsysteme, die in verschiedenen Richtungen (winkel- oder parallelversetzt) messen können, werden als Scanner bezeichnet /kuroda_83/.

Der Ablauf für eine zusammengesetzte Meßfolge kann fest vorgegeben sein oder durch die Ergebnisse der ersten Messungen im Sinn einer Meßstrategie beeinflußt werden /arai_83/.

Detailangaben findet man zur Objekterfassung in /garwood_88/ und /kleinschmidt_85/, zur Raumüberwachung bei /langer_86/, /eissler_89/ und /münzing_82/ sowie speziell zu den Themen Entfernungsmessung bei /krisch_84/, zur Kantendetektion, Konturvermessung und Objektvermessung bei /ahrens_85/ und /biehl_88/.

Anwendungen, die eine Objektlageerkennung oder -identifikation erfordern, sind durch die Verwendung von aufwendigen Datenverarbeitungsalgorithmen und den Einsatz von mehreren Schallköpfen oder Scannern geprägt. In diesem Bereich gibt es eine Vielzahl von Publikationen, z.B. /brown_85/, /crowley_85/, /martin_88/, die bezüglich der Algorithmen meistens noch nicht industrielle Anwendung gefunden haben.

2.4 Stand der Technik

In allen Ultraschall-Sensoren treten identische Funktionsgruppen auf. Sowohl zur Objektdetektion, zur Verhinderung von Kollisionen als auch zur genauen Entfernungsmessung wird dasselbe Meßverfahren, die Laufzeitmessung, eingesetzt: Ein Ultraschallimpulspaket wird von der Sendeelektronik erzeugt, verstärkt (typisch 10...200 Vpp) und vom Sender abgestrahlt. Der Empfänger erzeugt aus dem Echo, das vom Meßobjekt reflektiert wird, eine Spannung (typisch einige mV), die zeitabhängig verstärkt wird und durch einen Echo-Detektor bei ausreichendem Pegel den Stopp einer Zeitmessung auslöst.

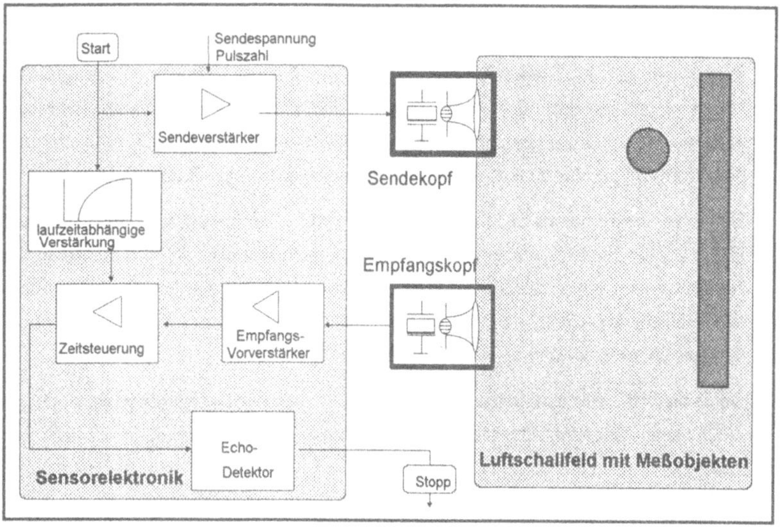

Abb. 2-5: Funktionsgruppen von Ultraschall-Sensoren

Ultraschall-Sensoren werten bei der Präsenzerfassung die Schallintensität, bei der Abstandsmessung die Laufzeit des Echos und bei der Geschwindigkeitsmessung den Dopplereffekt aus /warnecke_90/.

Heute marktübliche Ultraschall-Sensoren sind als Einwegschranke, Reflex-Näherungsschalter oder -Entfernungsmesser ausgeführt. Die verwendete Schallfrequenz bestimmt wesentlich den Meßbereich: Frequenzen von 30...1000 kHz stehen Meßbereichen von 15 m...0,1 m gegenüber. Die erzielbare Meßgenauigkeit der Entfernung liegt bei 1 %...10 % vom Meßwert und ist stark von dem Meßobjekt und den Umgebungsbedingungen (insbesondere Störgeräuschen und Luftbewegungen) abhängig. Weitere Unterschiede ergeben sich durch die Auslegung der Schnittstelle, insbesondere die Synchronisierbarkeit der Sensorfunktion mit einem Steuerrechner oder anderen Sensoren /ahrens_86b/.

In bestimmten Anwendungen, z.B. der Antastung eines Objektes auf einer Palette zur Entnahme mit einem Handhabungsgerät, ist die seitliche, laterale Auflösung von Bedeutung. Einige Sensorsysteme weisen die Möglichkeit auf, mehrere Schallköpfe aus einem Baukasten kombiniert zu betreiben. Die Antwortzeit und Umschaltzeit eines solchen Multisensorsystems ist für den Einsatz zur Steuerung und Überwachung von Roboterbewegungen wichtig. Eine ausführliche Produktliste ist z.B. bei /eissler_89/ zu finden. Abb. 2-6 zeigt eine Reihe von Anordnungs- und Gerätevarianten, die in der Automatisierungstechnik Einsatz finden.

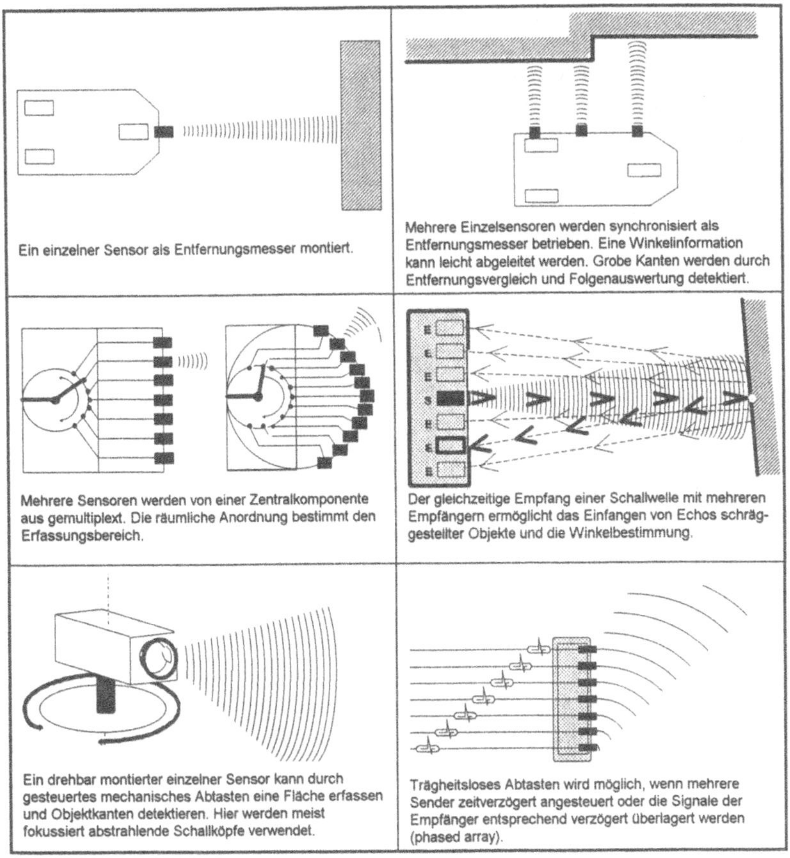

Abb. 2-6: *Anordnungsvarianten von Ultraschall-Sensoren*

Für eine echte Objektvermessung ist eine Abtastung mit einem stark gebündelt messenden Sensor notwendig, die durch den Roboter oder einen scannenden Sensor realisiert werden kann. Die Abtastung größerer Bereiche mit der Suchfunktion des Industrieroboters führt allerdings zu inakzeptablen Zykluszeiten der Anlage /ahrens_86a/.

Technisch kann ein Scanner durch die schnelle, sequentielle Auswahl eines Sensorkopfes aus einer Anzahl montierter Köpfe mit verschiedenen Abstrahlrichtungen realisiert sein, oder durch Variation der Abstrahl- bzw. Meßrichtung durch simultane, phasenverschobene Ansteuerung einer aus mehreren Köpfen zusammengesetzten Strahlergruppe.

2.5 Stand der Forschung

Die Forschung auf dem Gebiet der Luftultraschallsensoren erstreckt sich im wesentlichen auf die folgenden Gebiete:

- elektroakustische Wandler,
- Beeinflussung der Abstrahlcharakteristik (Strahlformung) für Einzelwandler,
- Strahlformung durch Gruppenstrahler,
- analoge Schaltungen und digitale Signalverarbeitung,
- Modellierung und Optimierung der Abbildungseigenschaften,
- fortgeschrittene Einsatzbereiche, insbesondere mobile Roboter.

Angrenzende Forschungsgebiete sind die Ultraschall-Werkstoffprüfung (Festkörperschall) und die Ultraschall-Diagnostik in der Medizintechnik (Flüssigkeiten und Gewebe), das Sonar (Unterwasser), aber auch die Radartechnik (Mikrowellen). Die Ähnlichkeiten der technologischen Lösungen in diesen Gebieten und die Anwendungen für fortgeschrittene Robotersysteme werden z.B. in /björnö_88/ untersucht.

Akustische Theorien und Modelle zur Strahlformung sind von den Grundgleichungen her seit langem bekannt /kuttruff_88/. Die geschlossen-mathematische Lösung der Abstrahlungsgleichungen für eine reale, schwingende Oberfläche und alle Bereiche des Abstrahlraumes, also ohne die Einschränkung der Betrachtung auf das Fernfeld, ist bisher nicht gefunden worden. Bekannte Verfahren zur Bestimmung der Schallabstrahlung werden in /hübner_86/ bezüglich Anwendungsbereich, Leistungsfähigkeit und Aufwand gegenübergestellt. Bereits 1934 findet man in physikalischen Handbüchern ausführliche Angaben zum Abstrahlverhalten von Lautsprechern, die sowohl Meßergebnisse als auch theoretische Ansätze verschiedenster Autoren beinhalten /stenzel_34/. Mit dem damaligen Kenntnisstand war die Betrachtung von Ultraschallwellen und die Modellierung von Hornkonstruktionen allerdings nur schwer eingeschränkt möglich.

Liegen die schwingenden Strahlerflächen in einer Ebene und strahlen mit unterschiedlicher Schwingungsamplitude aber gleicher Phase in einen freien Halbraum, so können Methoden der **Fourier-Akustik** angewendet werden, um das Fernfeld zu berechnen. Die eindimensionale Fast Fourier Transformation (FFT) erfaßt Linienobjekte. Die zweidimensionale FFT kann in Sonderfällen zur Beschreibung nicht-achsensymmetrischer Strahler, z.B. eines rechteckförmigen Bändchens verwendet werden. Auch die Nutzung der inversen FFT zur näherungsweisen Berechnung der Schnellebelegung des Schallsenders ausgehend vom Fernfeld ist mit Einschränkungen nützlich /fleischer_88/.

Bei vielen Schallwandlern ist die Annahme der gleichphasigen Abstrahlung und ebenen Geometrie nicht zutreffend. Dazu gehören die Strahlergruppen mit gezielt phasen- bzw.

zeitversetzter Ansteuerung und gekrümmte Strahler sowie Reflektoren. Zur Modellierung solcher Systeme kann nach dem heutigen Stand der Akustik nur eine numerische Lösung basierend auf **Finite-Element-Methoden (FEM)** oder Grenzflächen-Integralen, der **Boundary-Element-Methode (BEM)** bzw. Punktstrahler-Überlagerungen nach Huygens eingesetzt werden. Viele dieser numerischen Methoden sind mit beträchtlichem Rechenaufwand verbunden und sprengen schnell die Grenzen heute verfügbarer Großrechner, wenn sie auf reale Systeme angewendet werden. Die akustischen Berechnungsverfahren gehen zudem von einer bekannten Schwingungsform des Wandlers aus, die bei vielen realen Systemen nicht in der erforderlichen Genauigkeit berechnet oder gemessen werden kann. Praktische Entwürfe akustischer Systeme basieren daher auf einer theoretisch gestützten, empirischen Vorgehensweise.

In Verbindung mit Schallanwendungen in Flüssigkeiten findet man bei /o'neil_49/ eine zusammenfassende Darstellung der Theorie fokussierender Strahler, die auf der Verwendung gekrümmter Flächen als Schwinger oder als Reflektor basieren. Willard hat die Abstrahlung von fokussierenden Strahlern mit aufwendigen optischen Verfahren sichtbar gemacht /willard_49/.

Die Auslegung von **Hornkonstruktionen für die breitbandige Schallabstrahlung** in vorgegebenen Frequenzbereichen wurde z.B. in /hanna_77/ untersucht. Die Berechnung der Schallausbreitung geht von der Annahme ebener Wellenfronten innerhalb des Horns aus. Damit kann der Verlauf der akustischen Impedanz entlang der Trichterachse analysiert werden, nicht aber die Abstrahlcharakteristik.

Blasmusikinstrumente werden seit Jahrhunderten in Hornkonstruktionen gebaut und in den letzten Jahren auch theoretisch neu untersucht /benade_85/. Die Auslegung erfolgt hier in der Weise, daß durch gezielte akustische Resonanzen (Impedanzsprung am Trichterende) die Stimmung der zu spielenden Töne erreicht wird. Die Anregung durch den Luftstrom am Rohrblatt und die Lippen des Menschen geben die zu spielenden Töne grob vor. Bläserlippen und Luftraumresonator wirken als gekoppeltes System. Da die Lippen das stärker gedämpfte System darstellen, richtet sich die Grundfrequenz des entstehenden Signales weitgehend nach der nächstgelegenen Eigenfrequenz des Resonators. Damit repräsentieren solche Konstruktionen auf mehrfache, schmalbandige Resonanzen abgestimmte Systeme. Die Ähnlichkeit mit guten Ultraschall-Konstruktionen wird später von Interesse sein.

Für die Ausbreitung von Schallwellen in **Wellenleitern** (mit konstantem Querschnitt oder Querschnittssprüngen) oder Trichtern (mit bekannter Querschnittsänderung) nimmt man eine zum Trichterende hinlaufende und eine rücklaufende Welle an /cremer_85/. Die Intensität der rücklaufenden Welle ist abhängig von dem Impedanzsprung, der durch die

Querschnittsänderung, aber auch durch akustische Modenkonversion verursacht sein kann /rossi_88/. Webster untersuchte unter der Annahme ebener Wellenfronten Trichter mit Exponentialform, konischer Form und zylindrischer Form /webster_19/. Ballantine prägte den Begriff der Besselhörner in Erweiterung der Trichterformen /ballantine_27/. In /freehafer_40/ ist eine exakte Lösung (ohne ebene Wellen-Annahme) der Wellengleichung für hyperbolische Trichter beschrieben, deren Ergebnisse allerdings z.T. umstritten sind. Salmon hat wiederum mit der ebenen Wellenannahme Strahlungsimpedanzen /salmon_46/ betrachtet, höhere Frequenzen aber stark vereinfacht. In /marwardi_49/ findet sich eine weitere allgemeine Lösung der Webster-Gleichungen für beliebige Trichterformen (ebene Wellen, keine Aussage für Wellenformen bei hohen Frequenzen). Bei /keele_75/ wird ein Horn mit gutem Wirkungsgrad und gezielter Richtcharakteristik gesucht und dazu der Ansatz gewählt, einen Exponentialtrichter an der Blende mit einem konischen Trichter an der Apertur zu verbinden. Nach /geddes_89/ ist durch den Wechsel der Trichterform die Schallausbreitung gestört, es entstehen jedenfalls starke rücklaufende Wellenanteile, so daß der Frequenzgang durch Resonanzen gekennzeichnet ist. Er verfolgt die Theorie, daß die Wellengleichung nicht frei manipuliert werden kann, aber bestimmte Trichterformen bestimmte Wellenformen erlauben. Für die Auslegung von Wellenleitern verwendet er die Theorie der "Ein-Parameter-Wellen", die in Kapitel 4 näher aufgegriffen wird.

Zur Abstrahlung und zum Empfang von **Strahlergruppen (Arrays)** liegt eine ausführliche Literatur aus den Bereichen der Sonartechnik und der Mikrowellentechnik vor. Der Einsatz von Phasenansteuerung und Amplitudenwichtung ist auf Luftschallarrays weitgehend übertragbar /kay_85/, /knight_87/. Zur elektroakustischen Schallerzeugung werden speziell konstruierte Oberflächenschwinger verwendet. Arrays mit größeren Elementabständen als die Schallwellenlänge führen zu Richtcharakteristiken mit unerwünschten Nebenkeulen /gebhardt_82/.

Im Bereich der **Signalverarbeitung** in Verbindung mit Ultraschallsensoren zur Objekterkennung sind eine Reihe neuer Forschungsarbeiten /löschberger_88/ bekannt, deren Ergebnisse bei Einsatz von breitbandigen Wandlern wie dem Plasmahochtöner, dem Polaroid-Sellstrahler oder neuen Piezowandlern nutzbar sein können.

3 Anforderungen an Schallköpfe für Ultraschallsensoren

Die vom Anwender eines Ultraschallsensors nutzbaren Leistungseigenschaften werden vom Zusammenspiel und von der Leistungsfähigkeit der Sensor-Funktionsgruppen (Abb. 2-5) bestimmt. Wesentliche Komponenten sind dabei Schallköpfe mit dem verwendeten Wandlerprinzip, der Arbeitsfrequenz und der wirksamen, abstrahlenden bzw. empfangenden Fläche. Im folgenden Kapitel werden eine Reihe von Schallkopf-Typen definiert, die eine Vielzahl von Anwendungen abdecken. Zur Konkretisierung der Anforderungen an diese Schallköpfe werden Abschätzungsverfahren eingesetzt, die eine Aussage und Bewertung der von einer guten Schallkopfkonstruktion erwartbaren Ergebnisse ermöglichen, und zwar unabhängig von der gewählten konstruktiven Lösung.

3.1 Allgemeine Anforderungen an den Ultraschallsensor

Das Sensorsystem hat Anwenderforderungen aus verschiedenen Teilbereichen zu erfüllen, die in Abb. 3-1 in Gruppen strukturiert dargestellt sind. Die Wichtung der

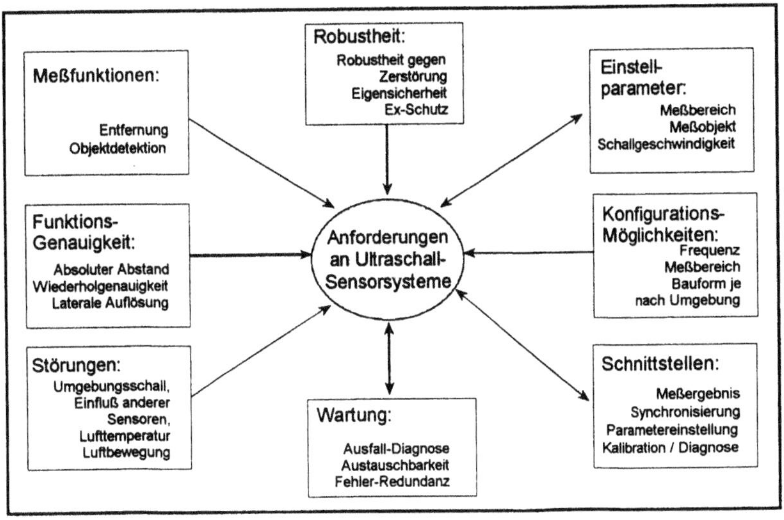

Abb. 3-1: Anforderungsstruktur für Ultraschallsensoren

Einzelkriterien ist vom Einsatzfall und den Randbedingungen abhängig. Von besonderer Bedeutung für die Konstruktion anwendungsoptimierter Schallköpfe sind die Anforderungen bzgl. der Meßfunktionen sowie der Funktionsgenauigkeit und Störsicherheit, die Robustheit gegenüber Umgebungseinflüssen und die Konfigurations- und sonstigen gewünschten Einstellmöglichkeiten. Diese Anforderungen gehen aber ebenfalls in das Lastenheft der Elektronik- und Sensordatenverarbeitungsbaugruppen ein.

3.2 Spezifische Anforderungen an die Schallköpfe

Zur Erläuterung der Funktion der Schallköpfe von Ultraschallsensoren kann der Vergleich mit der Wirkung eines Wechselobjektivs einer Kamera herangezogen werden. Die Bildqualität hängt einerseits von der Qualität der Kamera ab (z.B. mit Belichtungsmessung, Verschlußzeiten, Justage der Scharfstellhilfsmittel, etc). Wichtig sind aber auch der motivabhängig gewählte Bildwinkel und die Lichtstärke sowie Abbildungsqualität des verwendeten Objektivs.

Vergleichbare Kenndaten eines Ultraschallkopfes sind der Öffnungswinkel und der Wirkungsgrad der Schallabstrahlung und des Schallempfangs.

Die Reichweite eines Ultraschallsensors ist durch den vom Sender erzeugten Schalldruck p und die Empfangsempfindlichkeit bestimmt. Die Arbeitsfrequenz ist aus physikalischen Gründen ein wesentlicher Parameter, der die abstandsabhängige Dämpfung zwischen zwei Schallaufwegen r_1 und r_2 bestimmt. Es gilt:

$$p_2 = p_1 \cdot \frac{r_1}{r_2} \cdot \exp(\alpha \cdot (r_2 - r_1)) \qquad (3\text{-}1)$$

$$Lp_2 = Lp_1 + \log_{10}(r_1) - \log_{10}(r_2) - \alpha \cdot (r_2 - r_1) \cdot \log_{10}(e) \qquad (3\text{-}2)$$

$$Lp_2 = K_1 - \log_{10}(r_2) - K_2 \cdot \alpha\, r_2 \qquad (3\text{-}3)$$

wobei z.B. für 40 kHz der wirksame Absorptionskoeffizient $\alpha = 0{,}0863\ m^{-1}$ beträgt und für 80 kHz: $\alpha = 0{,}182\ m^{-1}$. Das Schalldruckverhältnis ist somit bei fester Frequenz abhängig vom Abstandsverhältnis und von den Stoffeigenschaften des Übertragungsmediums Luft. Die Arbeitsfrequenz ist damit die bestimmende Größe für den erzielbaren Abstandsbereich und die Reichweite von Störsignalen.

3.3 Abschätzung der erreichbaren Leistungseigenschaften

In vielen Bereichen der elektromagnetischen Felder (Optik, Mikrowellentechnik) und in der Akustik gelten ähnliche physikalische Gesetze für die von Quellen endlicher Abmessungen (im Verhältnis zur Wellenlänge) erzeugten Felder. Damit kann eine Vorstellung von den zu erwartenden Abstrahleigenschaften der Ultraschallsensoren gewonnen werden. Der Zustand im Nahfeld direkt vor der schallabstrahlenden Fläche ist durch Näherungen nicht ohne weiteres beschreibbar. Die wichtigste Eigenschaft eines Schallkopfes ist neben dem Wirkungsgrad die bei der Arbeitsfrequenz erzeugte Richtcharakteristik.

In den folgenden drei Unterkapiteln wird ausgehend von dem einfachsten noch mathematisch geschlossen beschreibbaren Beispiel des Kolbenstrahlers über Linienstrahler bis hin zur schwingenden Fläche das Abstrahlverhalten durch mathematische Näherungen steigender Komplexität, aber auch wachsender Realitätsnähe erfaßt.

3.3.1 Näherungsformeln für Kolbenstrahler und Punktstrahlergruppen

Für die Richtcharakteristik einer kreisförmigen, in einer starren Wand schwingenden Membran mit Radius r gilt /brosze_58/ mit der Wellenlänge λ:

$$\Gamma(\varphi) = \frac{2\,J_1(\frac{2\pi\,r}{\lambda}\,\sin\varphi)}{\frac{2\pi\,r}{\lambda}\,\sin\varphi} \qquad (3\text{-}4)$$

mit der Besselfunktion 1. Ordnung J_1, deren 1. Nullstelle bei $\frac{2\pi\,r}{\lambda}\,\sin\varphi = 3{,}83$ liegt.

Für die Richtcharakteristik eines Gruppenstrahlers mit n Elementen im Abstand g gilt:

$$\Gamma(\varphi) = \frac{\sin(n\,\frac{\pi\,g}{\lambda}\,\sin\varphi)}{n\,\sin(\frac{\pi\,g}{\lambda}\,\sin\varphi)} \qquad (3\text{-}5)$$

Für $g > \frac{n-1}{n}\,\lambda$ treten mehrere Hauptkeulen auf, dies führt oft zu nicht nutzbaren Schallköpfen. In Gleichung 3-4 wurden die Parameter für die in Abb. 3-2 dargestellte Rechnung so gewählt, daß eine realen Strahlern vergleichbare Richtcharakteristik entsteht: $2r = 10 \cdot \lambda$. Die Darstellung in Polarkoordinaten entspricht mit der logarithmischen Skalierung der üblichen Richtcharakteristik (s. Kap. 2.1).

Anschaulich bedeuten Gl. 3-4 und Gl. 3-5, daß bei allen Strahlern begrenzter Größe der Schalldruckpegel von der Hauptkeule nicht sprunghaft zur Seite hin abnimmt. Für Strahlerabmessungen > λ tritt eine Nullstelle auf.

Reale Strahler zeigen eine von diesem einfachen mathematischen Modell abweichende Charakteristik, die man durch die Faltung der Phasen- und Schnellebelegung mit der Aperturfunktion erhält. Die Richtcharakteristik des in der Größe begrenzten Kolbenstrahlers überlagert sich mit den Feinheiten der jeweiligen Aperturbelegung, also der tatsächlichen Druck- und Schnelleverteilung innerhalb der schwingenden Fläche des Schallkopfes /reichardt_68/.

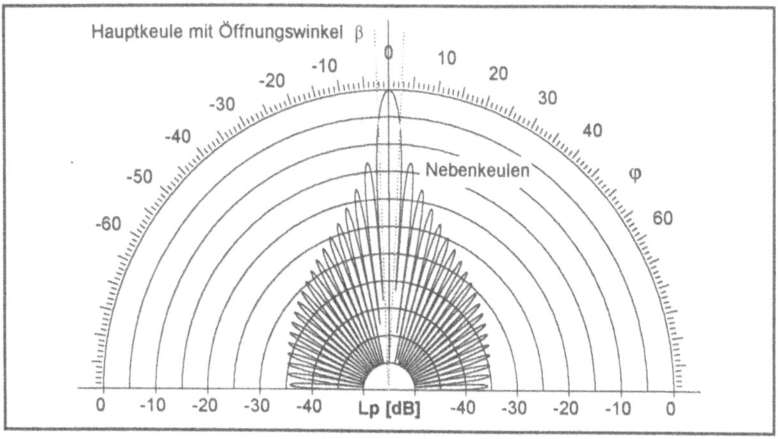

Abb. 3-2: *Richtcharakteristik eines Kolbenstrahlers, angenähert durch Gl. 3-4*

3.3.2 Eindimensionale Fourier-Akustik für Linienstrahler

Im Fall ebener Abstrahlflächen kann die Richtcharakteristik auch durch Gesetze der Fourier-Analyse angenähert werden. Dieses Verfahren hat den Vorteil, daß Fourier-Faltungen aus den verschiedensten Anwendungen bekannt und schnelle Algorithmen in Hard- und Software verfügbar sind. Außerdem steht die Möglichkeit der inversen FFT zur Verfügung, d.h. ausgehend von einer gewählten Richtcharakteristik kann der erforderliche Schwingungszustand des Wandlers ermittelt werden. Die Rückwärtstransformation ist in der praktischen Anwendbarkeit dadurch eingeschränkt, daß der zu konstruierende Wandler eben und von begrenzter Größe sein muß /fleischer_88/.

Zur Abschätzung besonders geeignet ist die eindimensionale FFT, weil hier einfache Algorithmen genutzt werden können, um direkt die Richtcharakteristik zu erhalten. Zur praktischen Anwendung sind einige numerische Regeln für die FFT und die Transformationen der Koordinatensysteme zu beachten, die im folgenden zusammengestellt und für Linienstrahler verschiedener Schnellebelegungen angewendet werden. Die zugrunde liegenden Beziehungen sind in Abb. 3-3 dargestellt.

(a) Formeln zur eindimensionalen Fourier-Akustik:

Für die Richtcharakteristik gilt:

$$\Gamma(\varphi) = \frac{1}{S \cdot v_0} \cdot |\, V(-k \sin\varphi)\, |;$$

und der Nennschnelle am Punkt $k \cdot \sin\varphi = 0$:

$$v_0 = \frac{k}{r_n \cdot V(0)};$$

mit dem Fourier Integral nach /brigham_74/:

$$V(-k \sin\varphi) = FFT\{\, v(x)\, \};$$

$$FFT\{\, v(x)\, \} = \int_{-a}^{a} v(x) \cdot \exp(\, j \cdot k \cdot \sin\varphi \cdot x)\, dx$$

Für die Formelzeichen gilt:

V	Schallschnelle definiert im Spektralbereich der FFT
φ	Winkelvariable der Richtcharakteristik
v(x)	Schnellebelegung der aktiv schwingenden Fläche
k	Wellenzahl
r_n	Nennabstand für die Berechnung der Richtcharakteristik, üblicherweise 1 m
S	Strahlerfläche in m²

(b) Numerische Besonderheiten:

Das gesamte betrachtete Schnellefenster muß deutlich größer als die mit einer Schnelle v > 0 belegte Apertur sein, damit bei der Berechnung ausreichend viele Stützpunkte innerhalb des definierten Winkelbereichs der Richtcharakteristik liegen, daher der "FFT-Rand".

Der Aperturdurchmesser ist gegeben mit 2 R. Gewählt werden:

Das-Schnellefenster mit:
Ages > 20 R

und die Anzahl der Abtastwerte (FFT): N

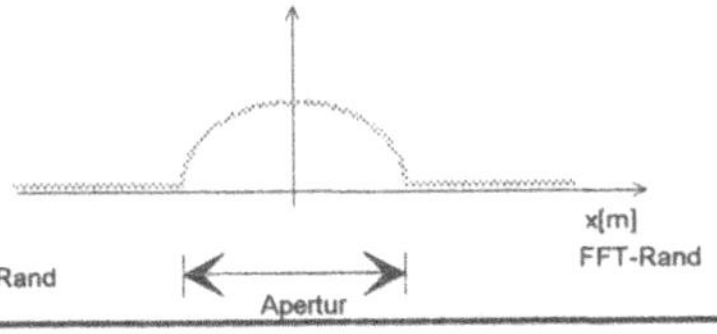

Fourier: Zeitbereich Akustik: Schnellebelegung	Fourier: Bildbereich Akustik: Fernfeld-Richtcharakteristik

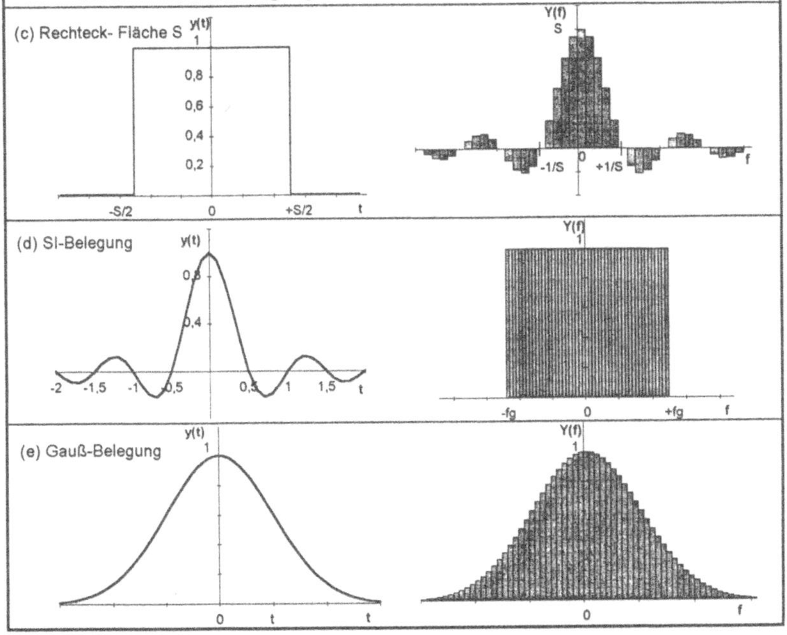

Abb. 3-3: *Definitionen und Beispiel-Anwendungen der eindimensionalen Fourier-Akustik.*

Eine Rechteckbelegung der Schwingungsschnelle, Abb. 3-3 (c), ergibt eine Richtcharakteristik mit ausgeprägten Nebenkeulen.

Umgekehrt ergäbe eine si-förmige Belegung (Spaltfunktion) eine rechteckförmige Abstrahlung (d), also den ideal gebündelten Schallkopf ohne Nebenkeulen.

Entsprechend dem unendlich großen Zeitfenster wäre zur akustischen Realisierung ein sehr großer Strahler mit gezielter Phasen- und Amplitudenbelegung notwendig.

Die Gaußfunktion wurde deshalb als Beispiel (e) ausgewählt, weil hier eine in guter Näherung realisierbare Belegungsfunktion eine nebenkeulenfreie Abstrahlcharakteristik erwarten läßt. Sie wurde auch bereits zur Konstruktion herangezogen /du_85/.

3.3.3 Erfassung flächiger Strahler durch Dimensionsreduktion

Die Richtcharakteristik als Schallabstrahlung einer Fläche in einer Ebene des Arbeitsraumes kann durch Umrechnung der Flächen-Schnellebelegung auf eine äquivalente Linien-Schnellebelegung mit anschließender eindimensionaler FFT abgeschätzt werden.

Dabei wird die Schnellebelegung v(x,y) auf eine Linie projiziert. Die Anteile, die auf einen Linienpunkt fallen, werden zur wirksamen Schnellebelegung v'(x') integriert /salamon_86/.

Der Schnitt mit der Koordinate x' kann dabei je nach Anwendung beliebig durch die Fläche gelegt werden, davon abhängig ist der Verlauf von v'. In Abb. 3-5 ist diese Vorgehensweise anhand einiger Beispiele erläutert.

Ein kreisförmiger Strahler mit gleichförmiger Schnelle ergibt damit eine elliptische, wirksame Schnellebelegung (Abb. 3-5 (d)), ein rechteckiger Strahler parallel zu einer Seitenlinie zeigt eine Rechteck-Belegung (Abb. 3-5 (b)). In der Ebene entlang der Rechteckdiagonalen (Abb. 3-5 (c)) hingegen ergibt sich eine Abstrahlcharakteristik, die einer Dreieck-Schnellebelegung entspricht. Eine Mehrfachanordnung von Strahlern (Abb. 3-5 (e)) entspricht einer Folge von Punktschallquellen entlang der Gruppen-Linienachse.

(a) Formeln zur Reduktion eines flächigen Strahlers auf einen gleichwertigen Linienstrahler in der Meßebene der Richtcharakterisitik:

Für die Richtcharakteristik gilt entsprechend Abb. 3-3:

$$\Gamma(\varphi) = \frac{1}{S \cdot v_0} \cdot | V(-k \sin\varphi) |$$

mit:

$$V(-k \sin\varphi) = \mathrm{FFT}\{ v'(x') \}$$

für die reduzierte Schnellebelegung gilt:

$$v'(x') = \int_{-y'min}^{y'max} v(x', y')\, dy'$$

Beispiele von Flächen-Strahlern mit der Schnellebelegung v(x,y)		Reduzierter Linienstrahler mit der wirksamen Schnellebelegung v´(x´)	
(b) Rechteck Kolbenstrahler		Schnittebene ‖ zu den Kanten, Linienkoordinate $x' := x$	
$\lvert x\rvert < a/2$ und $\lvert y\rvert < a/2$	$v = 1$	$\lvert x'\rvert < a/2$	$v' = b$
sonst	$v = 0$	sonst	$v' = 0$
(c) Quadratischer Kolbenstrahler, diagonal		Schnittebene in der Diagonalen => Dreiecksverteilung	
$\lvert x\rvert < a/2$ und $\lvert y\rvert < a/2$	$v = 1$	$\lvert x'\rvert < a/2$	$v'(x') = a\ x'$
sonst	$v = 0$	sonst	$v' = 0$
(d) Kreis-Kolbenstrahler		Beliebige Schnittebene, $x' := y$	
$x^2 + y^2 <= R^2$	$v = 1$	$\lvert x'\rvert < R$	$v' = 2\sqrt{(y^2-R^2)}$
sonst	$v = 0$	sonst	$v' = 0$
(e) Gruppenstrahler		Schnittebene ‖ zur Hauptachse: $x' = x$	
Die Einzelelemente strahlen in 1.Näherung eben auf der Schlitzfläche ab.	$v = 1$	$\lvert x'\rvert = n \cdot a/2$, $n = 1, 2, 3, 4, 5$ ..	$v' = b$
sonst	$v = 0$	sonst	$v' = 0$

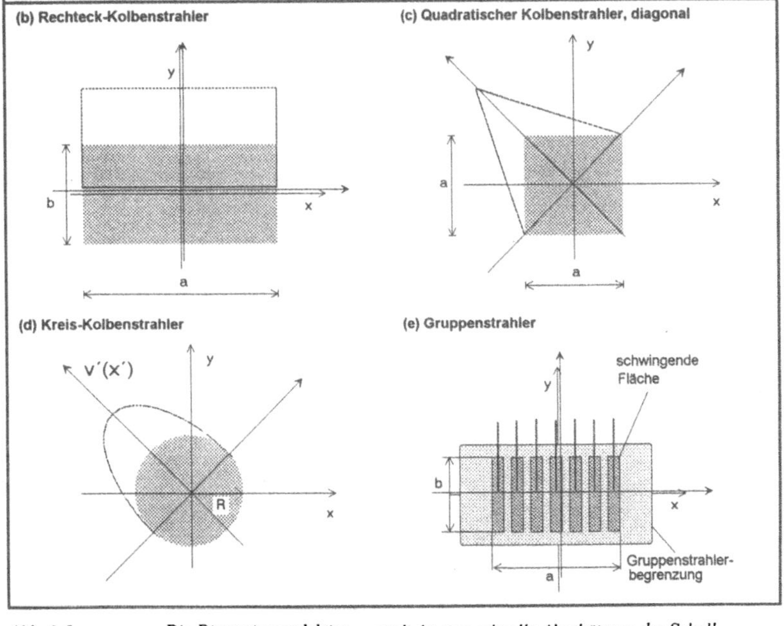

Abb. 3-5: *Die Dimensionsreduktion ermöglicht eine schnelle Abschätzung der Schallabstrahlung auch bei flächigen Strahlern, wenn der Schwingungszustand bekannt ist (weitere Angaben s. Text).*

3.3.4 Ergebnisse der Abschätzung

Die bisherigen Ausführungen haben ergeben, daß die Leistungseigenschaften von Schallköpfen durch Wirkungsgrad und Richtcharakteristik bestimmt sind.

Die Verfahren zur Abschätzung der Richtcharakteristik von Ultraschallköpfen wiederum haben ergeben, daß diese durch die folgenden Eigenschaften geprägt ist:

- Die Richtcharakteristik zeigt immer einen gerundeten Verlauf der Hauptkeule. Sobald die schallabstrahlende Apertur > λ wird, treten Nebenkeulen auf, deren Intensität vom Schwingungszustand, d.h. der Aperturbelegung abhängt.
- Eine exakt gebündelte Hauptkeule mit scharfen Kanten kann nicht erwartet werden, d.h. die Anforderungen bzgl. des Meßbereichs sind über den Öffnungswinkel β und den Schallkeulengradienten anzugeben. Werte von $\beta < 1°$ würden unrealistisch große Abmessungen der Apertur erfordern.
- Eine völlig nebenkeulenfreie, gebündelte Abstrahlung kann also nicht erzielt werden, die Anforderungen bzgl. der Seitenausblendung von Störobjekten sind durch die Nebenkeulendämpfung zu spezifizieren.

Bei gegebenen Abmessungen des Schallkopfes kann die Richtcharakteristik durch die Schnelle- und Phasenbelegung der Apertur an die Meßaufgabe angepaßt werden.

Aperturbelegungen, die einerseits eine gute Nebenkeulendämpfung bewirken, z.B. die Gaußverteilung, führen andererseits zu einer Aufweitung der Hauptkeule.

Damit gilt es bei den Anforderungen einen Kompromiß zu schließen zwischen

- starker Bündelung und geringen Schallkopfabmessungen,
- hoher Nebenkeulendämpfung und starker Bündelung,
- hohem Schallkeulengradienten und hoher Nebenkeulendämpfung.

3.4 Konkretisierung der Anforderungen für vier Typenklassen von Schallköpfen

Für den Einsatz der Schallköpfe werden analog zu den Wechselobjektiven der Fototechnik eine Anzahl von Standardschallköpfen eingeführt.

Dem mittleren Teleobjektiv entspricht der F-Typ mit einem Öffnungswinkel von 3°...10°, dem Weitwinkelobjektiv der W-Typ mit einem Öffnungswinkel von 30°...45°, dem für den Nahbereich korrigierten Makro-Objektiv der N-Typ. Der Gruppenstrahler kann wegen der durch die Ansteuerung variablen Öffnungswinkel mit einem Zoom-Objektiv verglichen werden.

Allen Typen von Schallköpfen ist gemeinsam, daß bei möglichst robuster Bauform die Herstellkosten niedrig bleiben sollen. Dazu sind bei der Konstruktion fertigungstechnische Gesichtspunkte wie die herstellgerechte Gestaltung der Bauelemente, der Aufwand bei Montage und Abgleich, sowie Meß- und Prüfmöglichkeiten zu Diagnosezwecken zu berücksichtigen.

3.4.1 Anforderungen an einen F-Schallkopf

Der F-Schallkopf soll in verschiedenen Anwendungen nutzbar sein, in denen eine hohe Reichweite ausschlaggebend ist. Aufgrund der nach Gl. 3-3 mit der Frequenz stark steigenden Schalldämpfung in Luft wird daher eine niedrige Arbeitsfrequenz angestrebt.

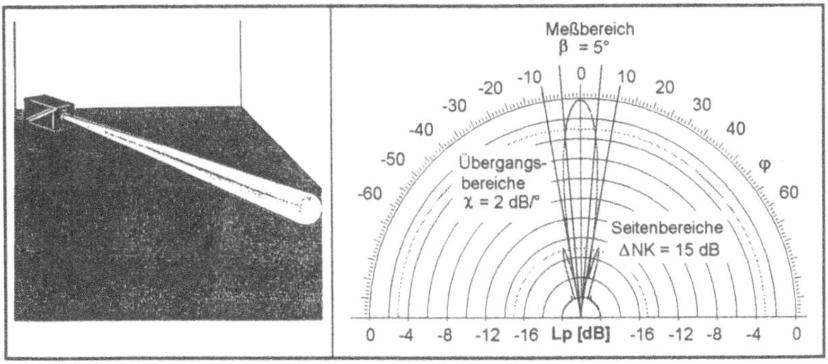

Abb. 3-6: Gewünschter Meßbereich und Richtcharakteristik eines F-Schallkopfes

Es sind in den meisten Anwendungen, gut reflektierende Meßobjekte, z.B. ebene Platten oder Flüssigkeitsspiegel, zu detektieren. Eine zu starke Bündelung des Sensors ist wiederum in der Anwendung nicht von Vorteil, weil durch ungenau in der Lage oder im Winkel positionierte Meßobjekte Fehlmessungen ausgelöst werden können.

Wie in Abb. 3-6 dargestellt, ist der ideale Meßbereich bzgl. der Richtcharakteristik auf einen kleinen Öffnungswinkel eingeschränkt. Der Übergangsbereich zwischen der zuverlässig hohen Schallabstrahlung und ausreichender Dämpfung ist typischerweise schmal.

Der Seitenbereich überstreicht entsprechend große Winkel und ist kritisch bezüglich der Nebenkeulenstärke zu prüfen. Die zulässige Nebenkeulenstärke wird durch eventuell auftretende Seitenobjekte bestimmt, die den Sensor bei der Detektion des Hauptobjektes nicht stören sollen, z.B. der Fußboden.

3.4.2 Anforderungen an einen W-Schallkopf

Der W-Schallkopf soll in verschiedenen Anwendungen nutzbar sein, in denen eine großvolumige räumliche Schallabstrahlung, also auch ein entsprechend großvolumiger Erfassungsbereich von Vorteil ist.

Im Vergleich zum F-Kopf (oben) weisen die Meßobjekte oft stark schwankende Reflexionseigenschaften auf, weil Art und genaue Lage bei der Messung nicht bekannt sind.

Der Meßbereich ist durch einen großen Öffnungswinkel geprägt. Die Meßentfernungen sind mit typisch 0,4...3m mittelgroß. Besonders kritisch ist es, die Größe der Übergangsbereiche gering zu halten, weil dort weder eine zuverlässige Messung noch eine Ausblendung von Seitenobjekten garantiert werden kann.

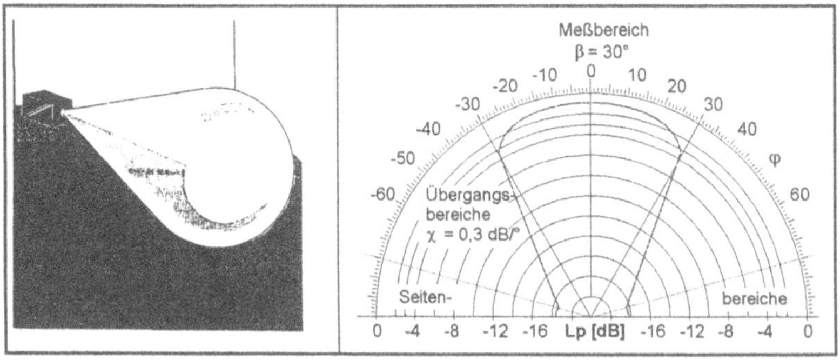

Abb. 3-7: Gewünschter Meßbereich und Richtcharakteristik eines W-Schallkopfes

3.4.3 Anforderungen an einen N-Schallkopf

Ein Schallkopf für Entfernungsmessungen im Nahbereich (0 ... 1m) mit optimaler Meßgenauigkeit und Wiederholgenauigkeit sollte eine mittelbreite Hauptkeule aufweisen, damit Winkelfehler in der Meßposition nicht zu kritisch wirken, d.h. auch kleine und schrägstehende Meßobjekte detektiert werden.

Das Schallfeld muß von der Apertur an gleichmäßig verlaufen. Für einen solchen Ultraschallkopf ist konstruktiv eine möglichst hohe Arbeitsfrequenz mit breiter Abstrahlung und hoher Abstrahlleistung zu kombinieren.

Der Meßbereich ist durch einen Öffnungswinkel von typisch 15°... 25° gekennzeichnet. Die Übergangsbereiche sollten möglichst klein gehalten werden, um auch ein seitliches Antasten von Meßobjekten zu ermöglichen.

Die Nebenkeulen-Dämpfung in den Seitenbereichen ist bedingt durch die gewünschte geringere Reichweite weniger wichtig.

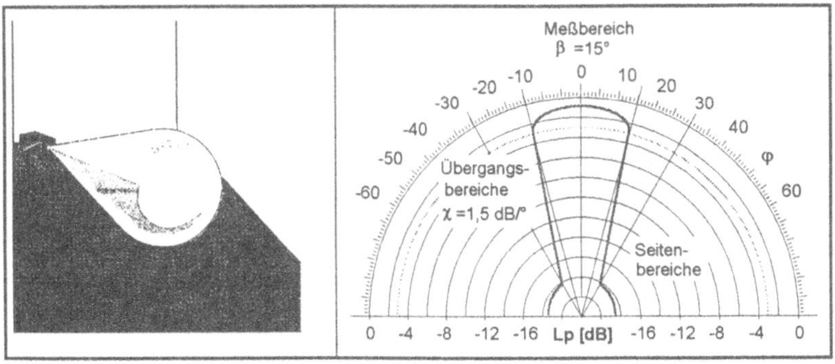

Abb. 3-8: Gewünschter Meßbereich und Richtcharakteristik eines N-Schallkopfes

Die Tabelle in Abb. 3-9 enthält eine Übersicht der hergeleiteten Schallköpfe mit einer groben Klassifizierung der Anforderungsbedingungen (hoch, mittel bzw. niedrig). Die in der Legende angegebenen Zahlenbereiche werden erst bei Vorliegen aller Anforderungen und Randbedingungen quantitativ faßbar.

Diese Anforderungsliste stellt den ersten Teil des Lastenheftes für die weiteren Untersuchungen dar.

Schallkopf-Typ	F-Kopf		W-Kopf		N-Kopf	
Ziele	Muß	Wunsch	Muß	Wunsch	Muß	Wunsch
Sendestärke	mittel	hoch	hoch	sehr hoch	gering	mittel
Empfangs-Empfindlichkeit	gering	hoch	hoch	sehr hoch	mittel	hoch
Arbeitsfrequenz	niedrig	niedrig	beliebig	beliebig	mittel	hoch
Bandbreite / Güte	mittel	niedrig	mittel	schmal	mittel	niedrig
Form des verwendbaren Empfangssignals	ein Maximum	mögl. spitz	kein Nachschwingen	kurz	ein Maximum	kurz
Nahfeldlänge	< 50 cm	< 30 cm	< 10 cm	ab Frontfläche	< 5 cm	ab Frontfläche
Richtcharakteristik						
Schallkeulen-Öffnungswinkel β	5°	3°	60°	90°	>10°	>20°
Schallkeulen-Gradient χ	-	-	5 dB/°	10 dB/°	-	-
Nebenkeulen-Dämpfung ΔNK	15 dB	20 dB	10 dB	20 dB	10 dB	>15 dB

Typische Zahlenwerte als Orientierungswerte für die qualitativen Angaben sind:

Sendestärke in 1m Entfernung: gering = 50 dB, hoch = 100...120 dB	Empfangs-Empfindlichkeit: gering = 1mV/dB; hoch = 100mV/dB
Arbeitsfrequenz: niedrig: 30...40 kHz, mittel: 40...100 kHz; hoch: 100...400 kHz	Bandbreite: niedrig: 1 kHz; hoch: 5 kHz bei 40kHz bzw. 0.2% und 10% der Arbeitsfrequenz

Abb. 3-9: Übersicht der Anforderungen an die Schallkopf-Typen für Ultraschallsensoren

3.4.4 Anforderungen an einen Gruppenstrahler-Schallkopf

Für die Meßaufgaben Objekterkennung (z.B. für Anwendungen im Materialfluß) und Freiraumerkennung (z.B. für die Navigation mobiler Roboter) werden im folgenden die Anforderungen für einen Gruppenstrahler-Schallkopf aufgeführt.

Um die Arraytechnologie für Luftschall einsetzen zu können, gilt es, einen Schallsender mit hohem Sendeschalldruck und kleinsten Abmessungen zu konstruieren, der in einer Gruppe angeordnet werden kann.

Die Richtcharakteristik der Einzelelemente soll in der Überlagerungsebene möglichst breit gefächert (Kugelcharakteristik im Idealfall) sein.

Die Gruppencharakteristik ist bei einer linearen Gruppe (Zeile) in der Ebene senkrecht zur Gruppenlängsachse nicht von der Charakteristik der Einzelquellen verschieden.

Damit entsprechen die gewünschten Richtcharakteristiken in den beiden Ebenen den Abbildungen 3-8 und 3-9. Die Anforderungen bzgl. der Richtcharakteristik sind entsprechend der nicht-achsensymmetrischen Abstrahleigenschaften des Gruppenstrahlers in Abb. 3-10 in zwei Ebenen (durch |) getrennt aufgeführt.

Die Einzelschallquellen sind in einem geringen Abstand (typisch d = 0,5 λ) voneinander zu montieren, um das Auftreten starker Nebenmaxima zu vermeiden. Sie sollen unabhängig voneinander schwingen, wenn der Konstruktionsfreiheitsgrad der freiwählbaren Phase und Amplitude ausgenutzt werden soll. Dies erfordert Maßnahmen zur Schwingungsentkopplung der einzelnen Elemente.

Bei phasengesteuerten Gruppenstrahlern kann innerhalb des Nahfeldes dynamisch fokussiert werden. Dies verbessert die laterale Auflösung des Sensors. Daher ist das gewünschte Nahfeld hier groß bemessen.

Die Tabelle in Abb. 3-10 zeigt die Anforderungen an einen Gruppenstrahler und die Einzelelemente einer solche Gruppe wiederum in der Übersicht. Sie stellt den zweiten Teil des Lastenhefts für das zu findende Konstruktionsverfahren dar, das dazu dienen soll, solche Schallköpfe zu bauen.

Schallkopf-Typ	**Einzelelement**		**Gruppenstrahler**	
Ziele	**Muß**	**Wunsch**	**Muß**	**Wunsch**
Sendestärke	gering	mittel	mittel	sehr hoch
Empfangs-Empfindlichkeit	gering	mittel	mittel	hoch
Arbeitsfrequenz	mittel	niedrig	mittel	niedrig
Bandbreite	mittel	hoch	mittel	hoch
Form des verwendbaren Empfangssignals	ohne Nachschwingungen	kurz	ohne Nachschwingungen	kurz
Nahfeldlänge	< 5 cm	ab Frontfläche	> 100 cm	> 200 cm
Richtcharakteristik				
Schallkeulen-Öffnungswinkel β	> 60° | < 60°	> 90° | < 20°	< 3° | < 60°	< 1° | < 20°
Schallkeulen-Gradient χ	-	-	-	-
Nebenkeulen-Dämpfung ΔNK	> 5 dB	> 5 dB	>20dB | >10dB	>60dB | >15dB

Typische Zahlenwerte als Orientierungswerte für die qualitativen Angaben sind:	
Sendestärke in 1m Entfernung: gering = 50 dB, hoch = 100...120 dB	Empfangs-Empfindlichkeit: gering = 1mV/dB; hoch = 100mV/dB
Arbeitsfrequenz: niedrig: 30...40 kHz, mittel: 40..100kHz; hoch: 100...400 kHz	Bandbreite: niedrig: 1 kHz; hoch: 5 kHz bei 40kHz bzw. 0,2% und 10% der Arbeitsfrequenz

Abb. 3-10: *Übersicht der Anforderungen an die Schallkopf-Typen für Ultraschallsensoren*

3.5 Anforderungen an das Schallkopf-Konstruktionsverfahren

Aufgrund des in Kap. 2.4 und 2.5 beschriebenen Standes der Technik und Standes der Forschung ist bekannt, daß die Meßeigenschaften von Ultraschallsensoren durch die Gestaltung der Schallköpfe entscheidend beeinflußt werden können.

Ziel der weiteren Untersuchungen ist es, die physikalischen und technischen Möglichkeiten zu einer Vorgehensweise aufzuarbeiten, um eine ingenieursmäßige Konstruktion von Schallköpfen zu ermöglichen. Es stellt sich dabei das aus anderen Bereichen der Akustik bekannte Problem, daß viele wirksame physikalische Effekte theoretisch nur unzureichend beschrieben werden können. Damit ergeben sich die folgenden Forderungen an das zu entwickelnde Konstruktionsverfahren:

- Um den **Suchraum** möglicher konstruktiver Lösungen zielgerichtet **einzuschränken**, ist eine vorangehende ausführliche Ableitung zuverlässiger Annahmen und Regeln aus der bekannten Theorie und aus einschlägigen Konstruktionen erforderlich.
- Das zu entwickelnde Verfahren ist durch **experimentelle Verifikationen** zu stützen.
- Der Einsatz von **rechnergestützten Simulationsverfahren** ist dann wünschenswert, wenn er zu einer Verminderung des experimentellen Zeit- und Kostenaufwands führt. Zuvor ist aber der Gültigkeitsnachweis der ausgewählten Simulationsmethoden ist im Vergleich mit bekannten Ergebnissen zu erbringen.
- Es sind gezielte **Variationen** einer vorgewählten Anfangskonstruktion durchzuspielen, um sicherzustellen, daß eine gefundene konstruktive Lösung ein Optimum darstellt.
- Die für weitere Schallkopfkonstruktionen relevanten und gesicherten Ergebnisse aus Experimenten und Simulationen sind in nutzbarer Form zu extrahieren, damit eine spätere Konstruktionsvariante durch diese **Heuristiken** (Annahmen und Regeln) mit optimaler Effizienz erstellt werden kann. Dazu sind die auftretenden Effekte getrennt zu behandeln.

Die Erarbeitung von Verfahren, die diese Anforderungen bzgl. der Vorgehensweise erfüllen und die Konstruktion der in Abb. 3-9 und Abb. 3-10 aufgeführten Schallköpfe ermöglichen, ist das Ziel der weiteren Kapitel.

4 Analyse der Lösungsmöglichkeiten zur Konstruktion von Ultraschallköpfen

Die Meßeigenschaften von Ultraschallsensoren sind von den akustischen Eigenschaften, also dem vom Sender erzeugten Wellenfeld und der räumlichen Empfindlichkeit des Empfängers, abhängig. Ein hoher Schalldruck ermöglicht hohe Reichweite und Störsicherheit. Die gezielte Bündelung des Schallsignals an der gewünschten Meßstelle erhöht die Zuverlässigkeit der Messung so erheblich, daß viele Anwendungen damit überhaupt praktisch erst erschließbar werden.

Die elektrische Ansteuerung ermöglicht die Veränderung der Signalform, der Arbeitsfrequenz und die Auswahl bestimmter Wandlerteile. Da die Bandbreite den nutzbaren Frequenzbereich eines schwingungsfähigen Systems beschreibt, kann mit geeigneten breitbandigen Schallköpfen eine Änderung der Schallkeule vorgenommen werden. Solche Köpfe sind damit für verschiedene Aufgaben umschaltbar. Die zur Verfügung stehende, z.T. durch Anwendervorschriften (z.B. im Bergbau oder der chemischen Industrie) eingeschränkte, elektrische Leistung bzw. Maximalspannung bestimmt über den Wirkungsgrad die abstrahlbare akustische Leistung und damit die Reichweite, Objekterkennungsfähigkeit und Störsicherheit des Gesamtsensors.

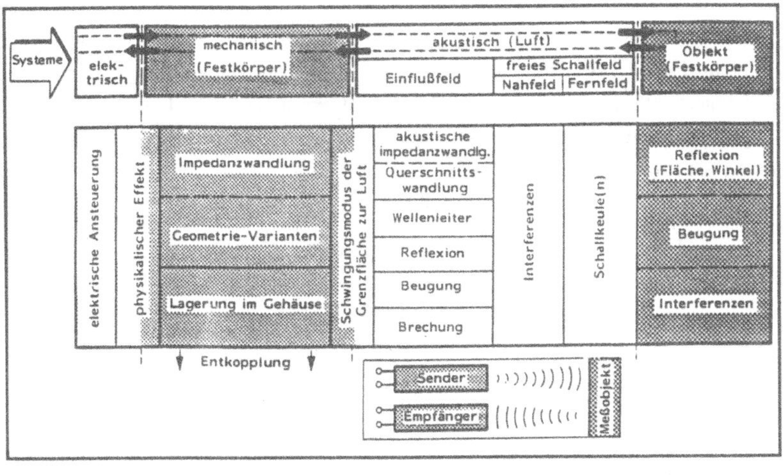

Abb. 4-1: *Funktionale Komponenten eines Ultraschall-Kopfes*

Der bekannt weite Einsatzbereich der Gruppenstrahler steht und fällt mit der amplituden- und phasenvariablen Ansteuerung.

Die elektrische Ansteuerung stellt die Schnittstelle des Schallkopfes zum restlichen Sensor dar. Die im folgenden beschriebenen weiteren funktionalen Komponenten aus Abb. 4-1 sind innerhalb des Schallkopfes realisiert.

4.1 Zerlegung in funktionale Komponenten

Für die Schallerzeugung und Aufnahme sind verschiedene elektroakustische Effekte nutzbar. Elektrische Schwingungsenergie wird durch das physikalische Wirkprinzip des Wandlers in mechanische Schwingungsenergie umgesetzt.

Die mechanische Schwingungsenergie wird zur Geometrie- und Impedanzwandlung auf weitere Festkörper übertragen. Damit wird die Ankopplung an die Luft verbessert und die Abstrahlcharakteristik verändert.

In der Luft befindet sich das Einflußfeld und das Freifeld. Im Einflußfeld sind Elemente angeordnet, welche die Schallausbreitung beeinflussen. Dies sind Känale, Wellenleiter, Reflektoren und Beugungselemente sowie Linsen.

Im Freifeld treten solche Elemente nicht mehr als Teil der Sensorkonstruktion auf. Das Freifeld kann in Nahfeld und Fernfeld unterteilt werden. Im Nahfeld treten starke Interferenzen insbesondere bei großen schallabstrahlenden Flächen und bei Gruppenstrahlern auf. Die Nahfeldlänge wächst mit der Größe der schallabstrahlenden Fläche im Verhältnis zur Schallwellenlänge.

Erst außerhalb des Nahfeldes ist eine zuverlässige Entfernungsmessung möglich. Im Fernfeld erst bilden sich Schallkeulen aus. Im Fernfeld reflektiert das zu erfassende Objekt einen Teil der Schallenergie, außerdem können abhängig von Geometrie und Lage des Objektes Beugungen und Interferenzen auftreten.

Die technischen Möglichkeiten, die funktionalen Komponenten zu realisieren, und die in der Kombination zu beachtenden Kopplungseigenschaften werden im folgenden näher untersucht.

In manchen Fällen können durch weitere Kombinationen von Einzelelementen Gruppenstrahler gebildet werden. Dabei überlagern sich die Eigenschaften der Einzelelemente mit der Gruppencharakteristik (Kap. 3).

4.2 Analyse der Lösungsmöglichkeiten für die funktionalen Komponenten eines Schallkopfes

4.2.1 Elektroakustische Wandler

Ein elektroakustischer Wandler ist durch das verwendete physikalische Wirkprinzip, die Geometrie der schallabstrahlenden Fläche und die akustische Impedanz dieser Grenzfläche bestimmt. Bei im Handel erhältlichen Wandlern ist das Gehäuse in diese Funktionen mit einbezogen. In Verbindung mit der elektrischen Ansteuerung ergibt sich ein Frequenzgang des Wandlers, der durch Arbeitsfrequenz und Bandbreite gekennzeichnet ist. Für den Aufbau preiswerter Sensorköpfe sind elektrostatische, elektrodynamische und piezoelektrische Wandler einsetzbar. Die Funktionsprinzipien und Einsatzeigenschaften sind in /warnecke_88/ näher ausgeführt.

4.2.2 Schallformung durch Wandlergestaltung

Die meisten Wandler besitzen eine Festkörper-Grenzfläche zur Luft, die in Schwingung versetzt wird. Sie bestimmt die Abstrahleigenschaften durch:

- Abmessungen,
- Form und
- Schwingungsmodus.

Der Schwingungsmodus ist u.a. bedingt durch die Art der **Lagerung der schwingenden Masse** im Gehäuse /kosoff_66/. Die Form der schwingenden und schallabstrahlenden Fläche kann eine Phasenverschiebung bewirken und damit die Richtcharakteristik verändern. Dies ist z.B. bei der Kalotte eines Hochtonlautsprechers elektrodynamischer Bauform der Fall. Eine Kalotte ergibt einen Weitwinkeleffekt, eine Konusform eine Fokussierung. Bei Piezowandlern wird das schwingende elektromechanische Element mit einer Membran größerer Oberfläche verbunden, um bei dem geringen Hub ausreichend Schalleistung an die Luft abgeben zu können.

Die Übertragung akustischer Energie ist abhängig von der **Impedanzanpassung** zwischen den Medien. Es gibt Festkörpermaterialien mit Impedanzwerten, die nahe der Impedanz des freien Luftschallfeldes liegen /kleinschmidt_85/. Diese werden von dem am physikalischen Effekt der elektroakustischen Wandlung beteiligten Material (z.B. der Piezo-Keramik) zu mechanischen Schwingungen angeregt und übertragen einen möglichst großen Teil der Schwingungsenergie an die Luft. Aufgrund der hohen Elastizität der Luft ist eine hohe Schnelle bzw. Schwingungsamplitude leichter zu übertragen. Die Luft setzt der mechanischen Bewegung wenig Widerstand entgegen, so daß keine hohen Kräfte bzw. Schalldrücke aufgebaut werden.

Problematisch ist die exakte Fertigung einer solchen Impedanzanpassungsschicht, die nur auf eine Wellenlänge abgestimmt werden kann. Material, Form, Lagerung und geometrische Abmessungen der Schicht bestimmen den Schwingungszustand der Luft-Grenzfläche. Aufgrund der bekannt aufwendigen Fertigungsverfahren und Detailkonstruktionen für optimierte Ultraschallwandler für verschiedene Meßaufgaben werden im folgenden Schallformungsmöglichkeiten untersucht, die verschiedene Abstrahleigenschaften mit einem Wandlertyp ermöglichen.

4.2.3 Schallformung durch akustische Linsen und Beugungsgitter

Akustische Linsen werden durch Gebiete mit anderer Schallausbreitungsgeschwindigkeit definiert, die meist auch eine andere akustische Impedanz als das Freifeld aufweisen /richardson_53/. Solche Elemente können durch Gase mit unterschiedlichen Schallgeschwindigkeiten aufgebaut werden, z.B. Kohlendioxyd, das in Kammern mit dünnen Kunststoffwänden eingeschlossen ist.

Die verwendeten Materialien müssen in ihrer akustischen Impedanz der Luft ähnlich sein, denn durch eine unterschiedliche Impedanz wird eine unerwünschte Reflexion der Schallenergie hervorgerufen. Neben den Reflexionsverlusten weisen diese Linsen auch hohe Absorptionsverluste auf.

Eine weitere Möglichkeit, unterschiedliche Schallaufzeiten zu realisieren, ist durch die Verwendung von Umleitkanälen gegeben, in denen der Schall ortsabhängig verschieden lange Wege zurücklegt /tarnoczy_65/.

Entsprechend der Versuche in der Optik kann auch für Schallwellen mit der **Beugung** am Gitter gearbeitet werden. Die Gitterkonstanten sind im Verhältnis zur Wellenlänge zu betrachten. Eine schwingende Fläche sendet im Idealfall kohärente Wellen aus, d.h. eine phasengleiche, amplitudengleiche Wellenfront. Beim Einsatz von Beugungsgittern ist eine exakte Beschreibung der eintreffenden Wellenfront notwendig, so daß im Regelfall mit ebenen Wellenfronten gearbeitet wird. Deshalb werden Beugungsgitter im Fernfeld des Ultraschallwandlers angeordnet /kuttruff_88/. Bei praktischen Ausführungen von Beugungsgitterkonstruktionen für Luftultraschallsensoren ergeben sich meist Richtcharakteristiken mit ausgeprägten Nebenkeulen.

4.2.4 Schallformung durch Reflektoren

An schallharten Oberflächen erfolgt eine Totalreflexion von Schallwellen /rieländer_82/. Für Luftschall kann bei fast allen festen Materialien von dieser Voraussetzung ausgegangen werden. Der Unterschied der Schallgeschwindigkeit in beliebigen Festkörpern und Luft ist so groß, daß mit Ausnahme poröser Stoffe, wie Watte oder Schaumstoff, an ebenen Flächen praktisch keine Absorption vorkommt. Sehr dünne Oberflächen, z.B. Folien mit 1...10 μm Dicke, können zu Schwingungen angeregt werden und damit absorbierend wirken.

Durch Oberflächenstrukturen treten Interferenzen zwischen verschiedenen Schallanteilen auf. An ausgeprägten Kanten erfolgt eine Beugung und diffuse Abstrahlung der Schallenergie in Form einer Kugelwelle. Durch konkave Reflektoren kann die Fokussierung von Schallenergie auf einen engen Raumwinkel erreicht werden /schoch_50/. Nebenkeulen können z.T. konstruktiv eliminiert werden, indem sie nicht über den Reflektor in das Schallfeld geleitet, sondern absorbiert oder seitlich abgeleitet werden. Zur Erzeugung weitwinkliger Schallabstrahlung sind Reflektoren weniger gut geeignet.

4.2.5 Schallformung durch Wellenleiter und Kanäle

Wellenleiter sind zum Aufbau von akustischen Signalverzögerungselementen bekannt. Sie weisen einen konstanten Querschnitt auf und koppeln an den Enden in Sender bzw. Empfänger an /kuttruff_88/. Eine Abstrahlung in den freien Raum erfolgt mit sehr niedrigem Wirkungsgrad, so daß eine praktische Verwendung quasi ausgeschlossen ist. Wellenleiter mit stark variablem Querschnitt werden im folgenden als Schallkanal bezeichnet.

Der **Schallkanal** stellt eine Kombination eines akustischen Impedanzwandlers (Schalltrichter) mit einem Querschnittswandler dar.

Ein **Schalltrichter** ist eine sich stetig bis zur Apertur öffnende Rohrleitung, die in Verbindung mit einem Schallsender zur Erhöhung der abgestrahlten Schalleistung führt. Setzt man einen Schalltrichter vor einen Schallaufnehmer, so erzielt man dadurch eine Verbesserung der Schallaufnahme (Empfindlichkeit). Insgesamt wird also der Wirkungsgrad der Anordnung erhöht. Dieser Effekt wird durch die akustische Impedanzanpassung des Wandlers an das Schallfeld bedingt. Allgemein bekannte Konstruktionsgrundlagen /rieländer_82/ zur Gestaltung eines Schalltrichters sind:

- Das Wandmaterial sollte schallhart sein.
- Die Apertur sollte sehr viel größer als der Wandlerquerschnitt und außerdem groß gegenüber der größten abgestrahlten bzw. empfangenen Wellenlänge sein.
- Der Schalltrichter sollte sich möglichst langsam und allmählich öffnen, wobei seine Querschnittsänderung entlang der Trichterachse nach Möglichkeit einer Exponentialfunktion folgen sollte.

Die Veränderung des Öffnungsquerschnittes in Schallausbreitungsrichtung bestimmt die zweite Eigenschaft des Schallkanals, die **Querschnittswandlung**: Für die Abstrahlcharakteristik des Schallkopfes ist in diesem Fall der Schwingungszustand der Luft in der

Austrittsöffnung des Trichters (Apertur) bestimmend, der vom Schwingungszustand des eingebauten Wandlers deutlich abweichende Eigenschaften zeigen kann. Ein konstruktiv gut ausgelegtes Exponentialhorn strahlt mit einer gegenüber dem Wandler um ein Vielfaches größeren Oberfläche und daher gebündelt in den Raum ab. Weil sich innerhalb des Kanals eine gleichmäßige Schallwelle ausbreiten soll, ist insbesondere für tiefe Arbeitsfrequenzen eine Mindestbaulänge erforderlich. Letzteres ist für viele Anwendungen von Hornkonstruktionen nachteilig.

Die bisher bekannte theoretische Akustik liefert keine ausreichend genauen Aussagen über das Abstrahlverhalten eines beliebig geformten Schalltrichters.

4.2.6 Schallformung durch Gruppenstrahler

Durch die räumliche Anordnung mehrerer Schallquellen mit definierten Richtcharakteristiken zu einer Zeile oder Matrix wird ein Gruppenstrahler erzeugt, im Hörschallbereich wird er auch Schallzeile genannt. Er wird häufig eingesetzt, wenn eine nicht-achsensymmetrische räumliche Abstrahlcharakteristik erreicht werden soll, die durch besonders hohe Schalleistung in einer Ebene und möglichst geringe Störschalleistung in der Normalebene gekennzeichnet ist. Die beschriebenen Effekte sind sowohl für den Schallsender als auch für den Empfänger gültig. Beispiel für den Einsatz eines Gruppen-Empfängers sind Richtmikrofone. Im folgenden wird der Sender beschrieben.

Die Schallwellen der einzelnen Quellen interferieren im Nahfeld der Gruppe und ergeben eine neue Abstrahlcharakteristik. Dabei ergeben sich die folgenden Eigenschaften:

- Die maximale abstrahlbare Schalleistung einer Gruppe entspricht der Summe der Einzelschalleistungen. Damit werden Wandler geringen Wirkungsgrades oder Wandler mit kleiner schallabstrahlender Fläche einsetzbar, insbesondere gekapselte Wandler.
- Entsprechend besitzt eine Empfängergruppe eine höhere Empfindlichkeit als der einzelne Wandler.
- Die Ansteuerung der Einzelschallquellen kann getrennt nach Amplitude und Phase abgestimmt werden. Damit ergeben sich weitere Konstruktionsfreiheitsgrade gegenüber einem entsprechend leistungsstarken großflächigen Einzelwandler.
- Die erreichbare Fokussierung ist bei einer Mehrfachanordnung größer, weil sich mit den Methoden der Geometrieanpassung (Querschnittswandlung) aus mechanischen Gründen nicht beliebig große Flächen, die gleichphasig schwingen, herstellen lassen.

Eine Möglichkeit zur Realisierung eines Gruppenstrahlers ist die Mehrfachanordnung von Einzelwandlern, wobei die Forderung nach kleinen Elementabständen mit ausreichendem Wirkungsgrad zu vereinigen ist. Dies ist bisher für Luftultraschall nicht gelungen. Eine weitere Möglichkeit liegt in einer Wandlersonderkonstruktion /kay_85/, bei der eine geschlossene schwingende Abstrahlfläche unter Verwendung getrennter elektrischer Ansteuerungen in gezielte lokale Schwingungen versetzt wird. Diese Art von Strahlergruppen ermöglicht einen engen Elementaufbau. Die Schwingungsentkopplung zwischen den Einzelkanälen ist bisher nur unzureichend gelöst.

Erfolgversprechender ist angesichts der bereits ausgeführten Eigenschaften von Schallkanälen eine Gruppenstrahlerkonstruktion, die aus einer Anordnung mehrerer nicht-achsensymmetrischer Schallkanäle besteht. Dabei ist konstruktiv zu gewährleisten, daß bei Elementabständen von typisch 0,6 λ ein möglichst guter Wirkungsgrad und eine gleichmäßige Schallabstrahlung des Einzelelements erreicht wird.

4.3 Bewertung und Auswahl von Lösungsvarianten für die akustischen Komponenten

Die Anzahl der theoretisch in Frage kommenden Schallkopfkonstruktionen wird in den weiteren Ausführungen zunächst durch Gesichtspunkte wie Wirkungsgrad, Bauvolumen und Entwicklungskosten eingegrenzt. Erfolgversprechende Lösungen werden zur Auswahl näher analysiert und bewertet.

Der Wandler wird in der ersten Zeile (Abb. 4-2) ohne andere Schallformungselemente verwendet. In den anderen Varianten ist ein Wandler ebenfalls vorhanden, beeinflußt aber nicht direkt oder allein die Schallkopfeigenschaften.

Als technische Möglichkeit zur Gestaltung eines Schallkopfes ergeben sich drei Hauptgruppen: Die konstruktive Gestaltung des Wandlers selbst, die Kombination eines Wandlers mit einem schallformenden Vorsatzelement oder der Einsatz mehrerer Wandler in einem Gruppenstrahler.

Wegen des hohen Fertigungsaufwands von aufgabenspezifisch zu konstruierenden oder adaptierenden Ultraschallwandlern wird der Weg weiterverfolgt, kommerziell erhältliche, preiswerte Standardwandler durch Vorsatzelemente sowohl als Einzelstrahler als auch als Gruppe zu optimieren.

Reflektoren sind zur Bündelung von Schallkeulen geeignet, die bereits wandlerseitig stark unterdrückte Nebenkeulen und eine zumindest mittel fokussierte Abstrahlung (5° bis 20°) aufweisen. Zur Aufweitung auf große Öffnungswinkel (> 90°) sind Reflektoren aufgrund fresnelscher Interferenzen /rieländer_82/ nicht verwendbar.

	Vorteile	Nachteile
Wandler	Kompakte Bauform	Hohe Entwicklungskosten für einen aufgabenspezifisch optimierten Wandler.
Linse	Kompakte Bauform	Geringer Wirkungsgrad Labiler Aufbau mit Gasfüllung
Reflektor	Gut für stark gebündelte Schallabstrahlung geeignet	Großes Bauvolumen Schlecht für weitwinklige Abstrahlung geeignet.
Schallkanal	Hoher Wirkungsgrad, hohe Belastung der Schallquelle erzielbar. Für niedrige und mittlere Frequenzen einfach herzustellen. Verwendung beliebiger Wandler.	Nicht exakt bekanntes Verhalten von Schallwellen in Kanälen mit variablen Querschnitten. Je nach Kanalform z.T. große Bautiefe
Gruppen-strahler	Hohe Nebenkeulendämpfung durch Amplitudenwichtung und Strahlschwenkung durch Phasenansteuerung erzielbar	Noch keine ausreichend kleinen Wandler verfügbar. Hoher technischer Aufwand.

Abb. 4-2: *Vorauswahl in Frage kommender Konstruktionselemente*

Schallformung mit: Wandler (W)		**W+Vorsatzelement**			**W+Gruppenstrahler**		
	1.	2.	3.	4.	5.	6.	7.
- schlechte O mittlere + gute Erreichbarkeit **Bewertungskriterium:**	Wandler-Gestaltung	Reflektor	Beugung	Schall-kanal	Wandler-Mehrfach-Anordnung	Wandler-Sonder-konstruktion	Schallkanal Mehrfach-anordnung
Stand der Technik	+	O	-	+	-	-	-
Entwicklungsaufwand	O	+	-	+	-	-	+
Technische Erfolgsaussichten	-	O	-	+	-	-	+
Herstellungskosten	--	+	O	O	+	-	O
Funktionserfüllung bei mehrfachen Einsatzgebieten	O	O	-	+	-	+	+
Baugröße	++	-	+	+	O	+	O
Gesamtbewertung:	O	O	-	+	-		+

Abb. 4-3: *Bewertung einzelner Konzepte zum Bau von Schallköpfen bzgl. der technisch-wirtschaftlichen Erreichbarkeit*

Mit Beugungsgittern ist ebenfalls keine Schallkeule mit einer gleichmäßigen Richtcharakteristik herzustellen.

Verfahren, die auf Schallkanälen basieren, haben sich aufgrund der Vorüberlegungen und Bewertungen als optimal geeignet herauskristallisiert. Der weiter untersuchte Gruppenstrahler besteht wiederum aus Einzelkanälen, für die eine optimale Konstruktion zur Erzielung engster Elementabstände mit gutem Wirkungsgrad zu finden ist.

4.4 Konstruktion von Schallkanälen

Das im weiteren Verlauf beschriebene Konstruktionsverfahren soll sowohl für den Bau eines Einzelschallkopfes als zum Aufbau eines Gruppenstrahlers Anwendung finden. Es sollen sowohl achsensymmetrische als auch nicht-achsensymmetrische Abstrahlcharakteristiken erzielt werden können, wobei bekannte Piezo-Wandler gegebener Bauform verwendet werden. Basierend auf bekannten Hornkonstruktionen wurde der folgende Entwurf entwickelt und durch ein Patent /langen_90/ geschützt.

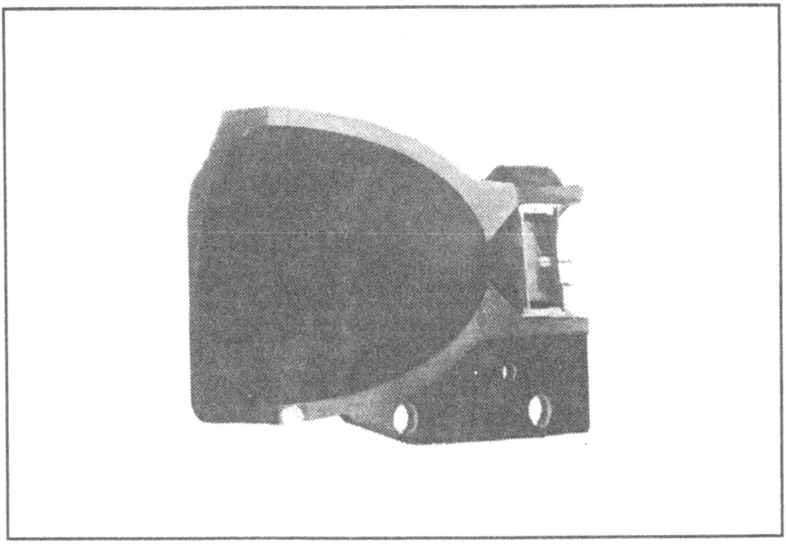

Abb. 4-4: Beispiel eines Schallkanals, in der Mitte aufgeschnittener Prototyp

4.4.1 Entwurf von Schallkanälen mit Konstruktionselementen

Abb. 4-4 zeigt als Beispiel einen aufgeschnittenen Schalltrichter mit ebenfalls in der Mitte geschnittenem Wandler. Die akustische Konstruktion baut auf gedanklich trennbaren Elementen auf, deren Auswahl und Auslegung von den in Abb. 4-5 aufgeführten Kriterien bestimmt werden. Es gibt für die Konstruktionselemente, insbesondere den Trichter, sehr viele Auslegungsmöglichkeiten. Für die Arbeit in der Entwurfsphase muß dieser große Suchraum durch geeignete Methoden eingegrenzt werden.

Die im folgenden ausgeführten Modellvorstellungen und Annahmen dienen der Auslegung der Konstruktionselemente und der Definition und Bewertung von Experimenten im Labor und in der Simulation.

Definitionen	Hauptfunktionen	Eigenschaften	Auslegungskriterien	Randbedingungen
Wandler Element zur Umwandlung einer elektrischen in eine mechanische Größe.	Spannung in Schnelle reversibel wandeln.	Geometrische Abmessungen (Durchmesser) Schwingungsmodes Eigenfrequenzen Schnellebelegung	Wirkungsgrad Arbeitsfrequenz Bandbreite, Puls-Form Robustheit, Preis	Verfügbarkeit von Zukaufteilen oder Fertigungsmöglichkeiten
Druckkammer Luftraum mit Abmessungen ca. λ, der auf der einen Seite durch den Wandler und auf der anderen Seite durch die Blende begrenzt wird.	Erhöhen der akustischen Impedanz zur Blende hin Konzentration der Schallenergie auf die Blende Optimierung des Einschwingverhaltens	Tiefe Volumen Helmholtz-Resonanzfrequenz zusammen mit der Blende	Puls-Form Wirkungsgrad	Wandler-Abmessungen
Blende Verengung des von dem Ultraschall zu durchquerenden Luftraumes auf Abmessungen < λ	Schallquelle für den Trichter	Punktstrahler in guter Näherung Entkopplung der Eigenschaften von Druckkammer und Trichter	Robustheit der Gesamtanordnung gegen Temperatur- und Frequenzschwankungen: - Wirkungsgrad - Puls-Form - Richtcharakteristik	Herstellbarkeit
Trichter Von schallharten Grenzflächen umgebener Luftraum zwischen der Blende und der Apertur	Erzeugt einen definierten Schwingungszustand der Luft in der Apertur	Lineare Grundform Konvergente Grundform Divergente Grundform	Zusammenwirken mit Blende und Apertur Empfindlichkeit der Abstrahlcharakteristik auf Herstelltoleranzen	Herstellbarkeit Zulässige max. Bautiefe und Volumen
Apertur Austrittsquerschnitt des Trichters zum freien Luftraum	Die Überlagerung der Schwingungen der Luft ergibt die gewünschten Meßeigenschaften	Querschnittsfläche Durchmesser Schwingungszustand	Abstrahlcharakteristik des Schallkopfes (bzw. Empfangsempfindlichkeit)	Praktische Montagegesichtspunkte

Abb. 4-5: *Definition der Konstruktionselemente eines Schallkanals*

Vorüberlegungen zur Eingrenzung der betrachteten Trichtergeometrien

Es sind verschiedene Theorien zur Wirkung von Schalltrichtern anwendbar, die aus der Theorie der Wellenleiter, der Reflektoren oder der Hornstrahler abgeleitet werden können. In der Akustik werden viele Schallausbreitungsvorgänge durch ebene Wellen oder Kugelwellen oder deren Überlagerung angenähert beschrieben. Dies ist für die Modellierung und Konstruktion von Ultraschallköpfen nicht ausreichend. Anregungen zu Konstruktionsvarianten ergeben sich aus bekannten Hornkonstruktionen auch für stark abweichende Anwendungen. Zur Gestaltung der Schallkanalelemente werden physikalische Modelle des zugrundeliegenden Wirkprinzips eingesetzt.

Konstruktionsauslegung durch Analyse des Wirkprinzips unter Verwendung von orthogonalen Koordinatensystemen

Eine Welle kann freie Schwingungsformen annehmen, die durch Überlagerung von orthogonalen Lösungen mathematisch beschrieben werden kann. Dies entspricht der Technik der Variablentrennung, wie sie zur Lösung partieller Differentialgleichungen in der Mechanik bekannt ist. Für die mathematisch geschlossenen Lösungen der akustischen Wellengleichungen im dreidimensionalen Fall (Helmholtz-Gleichungen) gilt, daß alle möglichen Lösungen in einem von 11 räumlichen Koordinatensystemen /moon_88/ beschrieben werden können /fleischer_88/.

Nur wenn die Wellenleiter-Kontur einer Koordinate (der 11 Systeme) entspricht, kann eine "Ein-Parameter-Lösung (EP) " gefunden werden. Ist die Welle keine EP-Welle, so werden die Wellenfronten nicht parallel zur Grenzfläche verlaufen. Es entsteht entweder Reflexion oder eine ungeführte, freie Ausbreitung. Mit diesen Annahmen kann der große Suchraum möglicher Hornkonstruktionen eingegrenzt werden.

Kartesische Koordinaten (1): Ebene Wellen laufen durch Ebenen begrenzt, ohne die Geometrie zu verändern. Die kartesischen Koordinaten entsprechen den Wellenleitern konstanten, rechteckigen Querschnitts, wenn eine ebene Welle als Anregung vorliegt. Damit ist keine Schallformung möglich.

Zylindrische Systeme (2), (3): Der Koordinatenursprung ist in mindestens einer Dimension unendlich. Mit einer endlich großen Schallquelle ist damit die entstehende Wellenform nicht optimal (Fenstereffekt). Ein Beispiel für eine solche akustische Konstruktion ist ein Wellenleiter mit konstantem Kreisquerschnitt. Auch hier findet keine Schallformung statt.

Akustische Konstruktionen in Zylinderkoordinaten (2), (3), (4) werden für den Aufbau von flachen Schlitzbauformen verwendet, die in Kap. 4.4.3 am Beispiel des Gruppenstrahler-Schallkanals weiter ausgeführt werden.

Geschlossene Systeme (5), (6), (7), (10): Für große Abstände vom Koordinatenursprung zeigen die Wellenfronten asymptotisch sphärische Formen, die aus dem Ursprung zu kommen scheinen (Kugelwellen). Der Koordinatenursprung hat nur bei diesen Systemen endliche Abmessungen, damit kann bei diesen Wellenleitern von einer Schallquelle mit endlichen Abmaßen (also keine Punktschallquelle) Energie eingekoppelt werden.

Die Kugelkoordinaten (5) entsprechen dem einfachen konischen Horn oder linearen Trichter, wenn eine Punktschallquelle in der Konusspitze vorliegt.

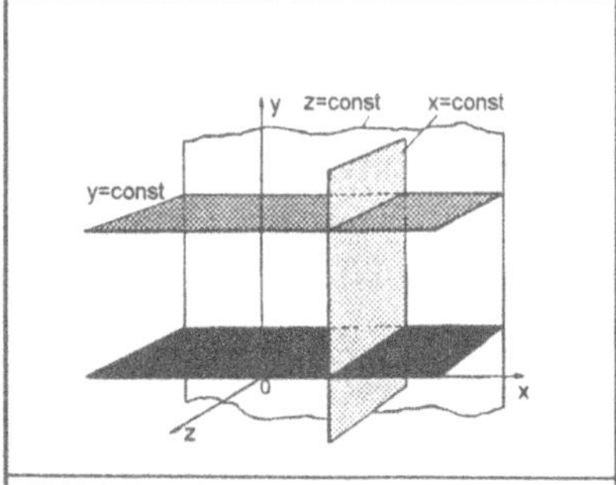

(1): Kartesische Koordinaten (x,y,z). KF sind die Ebenen: x = const, y = const, z = const

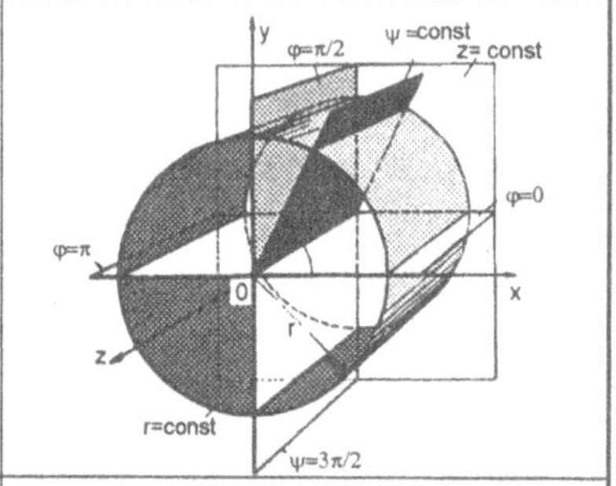

(2): Zylinderkoordinaten (υ,γ,z). KF sind Kreiszylinder, $(\upsilon=\text{const})$, Halbebenen $(\gamma=\text{const})$, die sich auf der x-Achse überschneiden und parallele Ebenen (z=const)

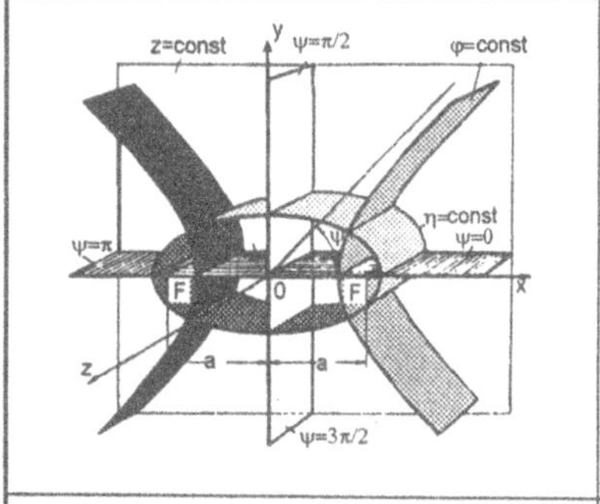

(3): Elliptische Zylinderkoordinaten (η,γ,z). KF sind elliptische Zylinder $(\eta=\text{const})$, hyperbolische Zylinder $(\gamma=\text{const})$ und Ebenen (z=const)

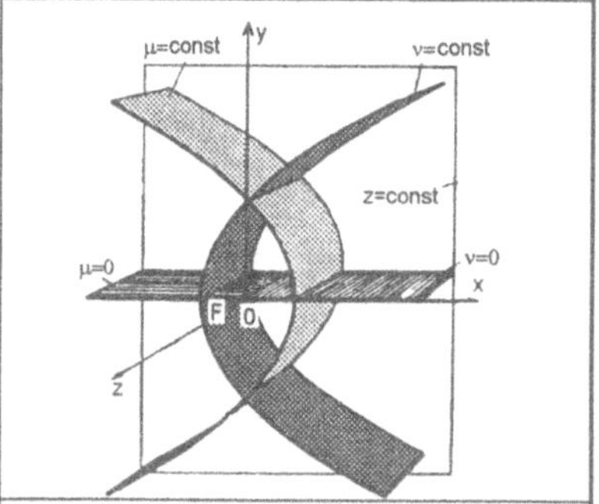

(4): Parabolische Zylinderkoordinaten (μ,ν,z). KF sind parabolische Zylinder $(\mu=\text{const}, \nu=\text{const})$ und Ebenen (z=const)

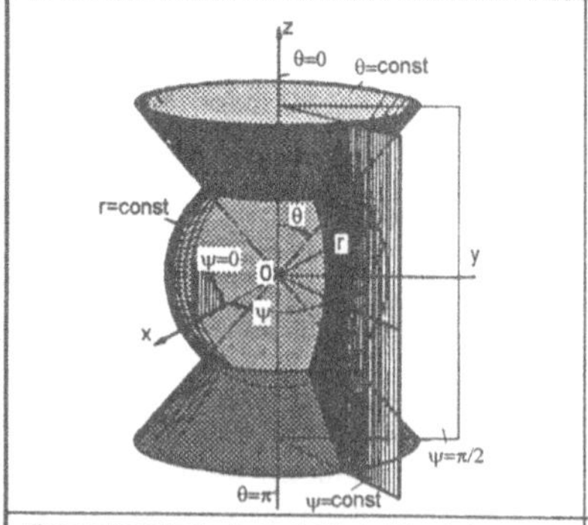

(5): Kugelkoordinaten (ν ,Θ,γ). KF sind Kugeln $(\nu =\text{const})$, Kreiskonen $(\Theta=\text{const})$ und Halbebenen $(\gamma=\text{const})$

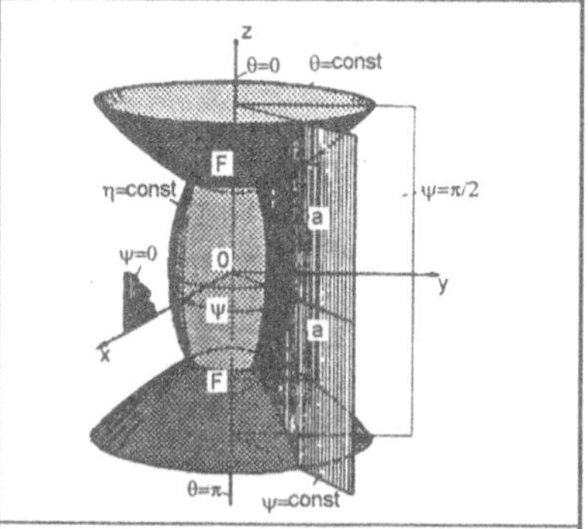

(6): Gestreckte Kugelkoordinaten (η,Θ,γ). KF sind gestreckte Kugeln $(\eta=\text{const})$, Hyperboloide $(\Theta=\text{const})$, und Halbebenen $(\gamma=\text{const})$

Abb. 4-6: *Orthogonale Koordinatensysteme. Die Koordinatenflächen (KF) sind jeweils getrennt aufgeführt und im Bild hervorgehoben. Sie entsprechen möglichen Trichterflächen und dazu orthogonalen Schallwellenformen.*

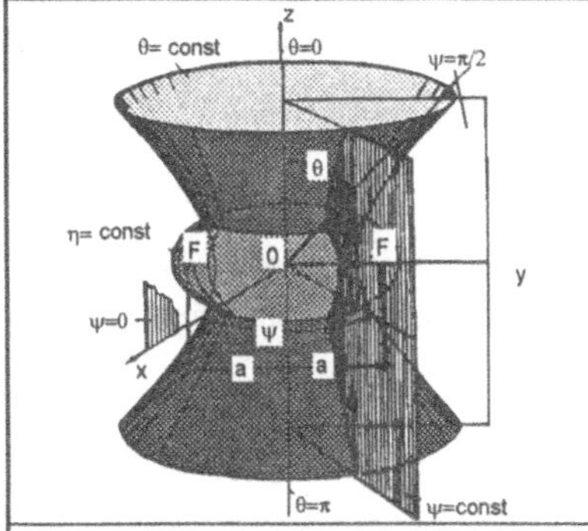

(7): Gestauchte Kugelkoordinaten (η,Θ,γ). KF sind gestauchte Kugeln (η=const), Hyperboloide (Θ=const) und Halbebenen (γ=const)

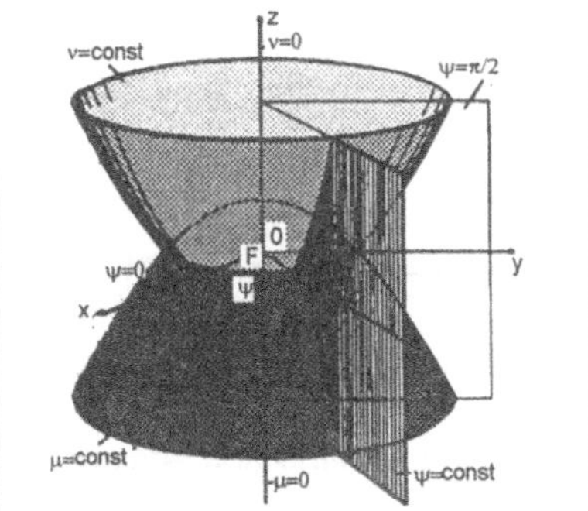

(8): Parabolische Koordinaten (η,ν,γ). KF sind Paraboloide (ν=const, μ=const) und Halbebenen (γ=const)

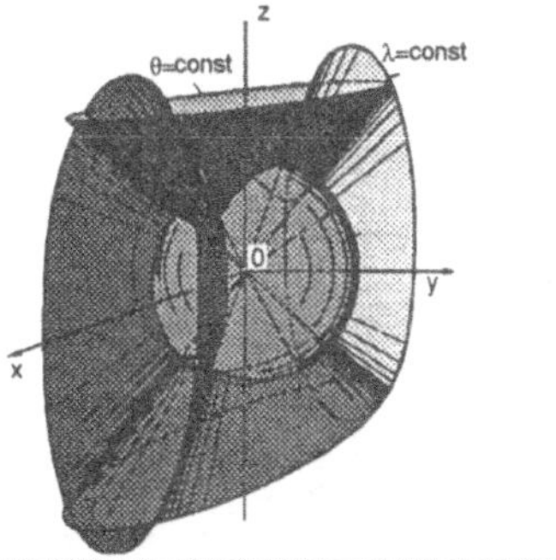

(9): Konische Koordinaten (ν,Θ,λ). KF sind Kugeln (ν=const) und elliptische Konen (Θ=const, λ=const)

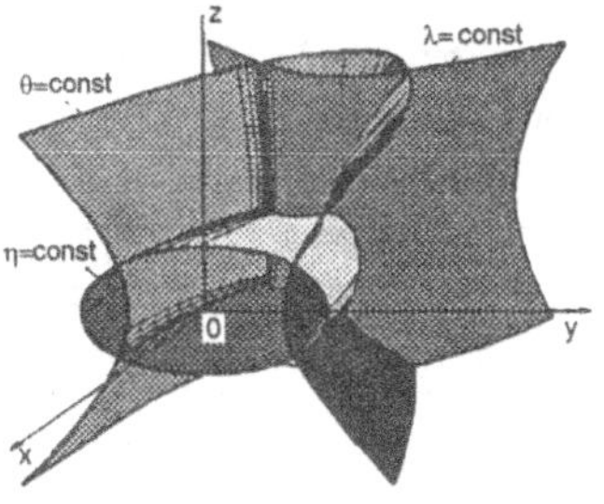

(10): Rotationsellipsoid (η,Θ,λ). KF sind Rotationsellipsoide (η = const) und Hyperboloide (Θ=const, λ=const)

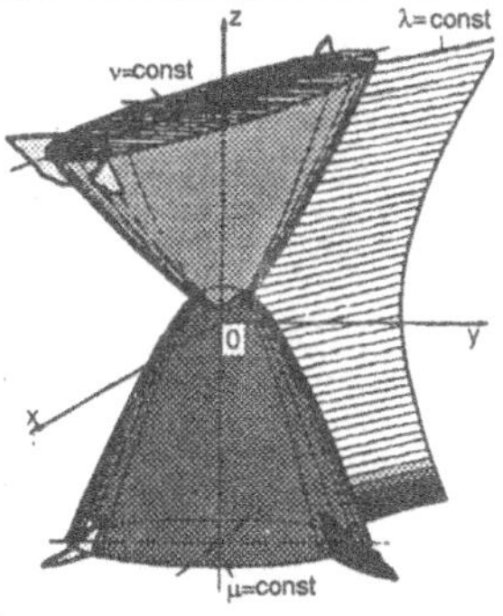

(11): Rotationsparaboloid (η,ν,λ). KF sind Rotationsparaboloide (η=const, ν=const) und hyperbolische Paraboloide (λ=const)

Abb. 4-7: *Fortsetzung der orthogonalen Koordinatensysteme.*

Offene Systeme (4), (8), (11): Bei diesen parabolischen Koordinatensystemen konvergieren die Wellenfronten von einer Kugelwelle in der Nähe des Koordinatenurspungs zu einer ebenen Welle. Die Parabelform ergibt sich ebenfalls aus den Kegelschnitten und bekannten Horn- und Reflektorkonstruktionen und wird in Kapitel 4.4.2 weiter ausgeführt.

Konische Systeme (9): Sind nach /geddes_89/ bislang unerforscht und praktisch nicht verwendet worden. Die elliptischen Konen als Koordinatenfläche sind nicht mit Rotationsellipsoiden (6) zu verwechseln.

Bekannte Hornkonstruktionen

Einige bisher für akustische Konstruktionen mit anderen Auslegungskriterien, z.B. als Lautsprecher für Audiofrequenzen, Megaphon oder Musikinstrument verwendete Lösungsansätze sind in Abb. 4-8 aufgeführt und für die Konstruktion von Schallkanälen bewertet. Die Trichtervarianten mit Exponentialform, Ellipsen- und Parabelform werden im experimentellen Teil der Arbeit näher untersucht.

Theorie	Annahmen / Randbedingungen	Eigenschaften	Bewertung
"Klassischer" Wellenleiter	Unendliche Länge. Die Wellenfronten haben konstante Querschnitte.	Ebene Wellen, c_trichter=c_luft Keine rücklaufende Welle	-
Webstersche Hörner	Konkaver Querschnittsverlauf Ebene Wellenannahme bei allen Trichterformen	Auslegung nach Wirkungsgrad-Gesichtspunkten und Frequenzgang für Lautsprecherkonstruktionen.	-
Exponential-hörner	Ebene Wellenannahme. Begrenzte Länge.	Der Quer-schnittsverlauf ist einfach mathematisch bestimmbar Die Trichterlänge ergibt den Frequenzgang mit der unteren Grenzfrequenz.	+
Traktrix-Horn / Kalottentrichter	Ausbreitung von Kugelwellen. Gegenüber dem Exponentialhorn bessere Annäherung der Trichtergeometrie an eine Einparameter-Lösung.	Verkürzte Bauform. Aufwendige Beschreibung der Trichtergeometrie-Formel.	+
Ellipsentrichter	Komplexer "geschlossener Wellenleiter", bisher theoretisch unerforscht.	Geometrische Konstruktion, einfache Beschreibung der Trichtergeometrie-Formel.	+
Parabeltrichter	Komplexer "offener Wellenleiter", bisher theoretisch unerforscht.	Geometrische Konstruktion, einfache Beschreibung der Trichtergeometrie-Formel.	+
Bewertungs-maßstab:	+: gut o: mittel -: schlecht geeignet für Schallkanalkonstruktionen		

Abb. 4-8: *Stand der theoretisch untersuchten Trichtergeometrien und Bewertung der Eignung für die Trichterkonstruktion von Ultraschallsensoren.*

4.4.2 Konstruktive Auslegung von ausgewählten achsensymmetrischen Schallkanal-Varianten

Druckkammer und Blende

Die Druckkammer ist bei achsensymmetrischen Varianten entsprechend den Kritierien aus Abb. 4-5 weitgehend vordefiniert, wenn einfache geometrische Formen verwendet werden. Die auftretenden physikalischen Effekte sind bei den in Frage kommenden Abmessungen $x = 0{,}5 \dots 3\,\lambda$ von dem Auftreten von Moden höherer Ordnung geprägt. Dies kann mit der akustischen Modalanalyse (siehe Kap. 6.2) nachgewiesen werden. Ein mögliches Auslegungskriterium liegt in der Volumenabstimmung auf ein Mehrfaches der Helmholtz-Resonanz /rieländer_82/ mit der Arbeitsfrequenz f_0

$$f_0 = \frac{c}{2\,\pi} \cdot \sqrt{\frac{\pi\, r_B^2}{V_{DK} \cdot (l_B + \Delta l_B)}} = \quad \text{mit } n = 1, 2, 3 \dots \qquad (4\text{-}1)$$

mit dem Blendenradius r_B, Blendenlänge mit Mündungkorrektur $(l_B + \Delta l_B)$, dem Druckkammervolumen V_{DK} und der Schallgeschwindigkeit c.

Angaben zur Feinauslegung der Druckkammergeometrie und Wechselwirkungen mit den anderen akustischen Komponenten sind in Kap. 6 als Ergebnis empirisch/heuristischer Untersuchungen zu finden.

Geometriegleichungen ausgewählter Schalltrichtertypen

Anhand der Ergebnisse aus Kap. 4.4.1 und nach praktischen Vorversuchen wurde die Menge der betrachteten Trichterformen auf die folgenden Typen beschränkt:

- **Lineare Trichter**
- **Konvex gekrümmte Formen**
  - Exponentialtrichter
  - Kalottentrichter
- **Konkav gekrümmte Formen**
  - Parabeltrichter
  - Ellipsentrichter

Für alle Trichterformen sind lineare Koordinatentransformationen (Verschiebungen Δr und Δt) anwendbar und z.T. für die Feinabstimmung nützlich.

Für den Trichterradius r in Abhängigkeit von der Trichtertiefe t des **Exponentialtrichters** gilt mit dem Anfangswert r_0, der Verschiebung Δr und dem Wuchsmaß ζ:

$$r(t) = (r_0 - \Delta r) \cdot \exp(\zeta \cdot t) + \Delta r \qquad (4\text{-}2)$$

Diese Gleichung ergibt sich aus Impedanzanalysen des Trichterquerschnitts unter Annahme ebener Wellenausbreitung und unendlicher Trichterlängen.

Bei gegebenem Aperturradius r_A und Trichtertiefe L ergibt sich das Wuchsmaß aus:

$$\zeta = \frac{1}{L} \ln \frac{r_A - \Delta r}{r_0 - \Delta r} \tag{4-3}$$

Für die Konstruktion eines weiteren konvexen Trichtertyps, des **Kalottentrichters**, wird von der Annahme ausgegangen, daß sich durch den Trichter Schallwellen in Kalottenform (als Segmente von Kugelwellen) mit konstantem Radius ausbreiten.

Dieser Kugelwellenradius soll dabei dem Aperturdurchmesser eines äquivalenten Exponentialtrichters (mit gleichem Wuchsmaß und Trichtersteigung an der Apertur von 1) entsprechen und wird nach /reichardt_68/ mit d_1 bezeichnet.

Für die Kalottenfläche wird ein exponentielles Wachstum mit dem Wuchsmaß ζ gewählt sowie der Anfangsradius r_0 des Kalottentrichters entsprechend der Blende. Damit können Radius r und Tiefe t des Trichters in der folgenden Parameterdarstellung berechnet werden:

$$r(x) = \sqrt{2\, d_1 \cdot h_0 \cdot \exp(\zeta \cdot x) - (h_0^2 \cdot \exp(\zeta \cdot x))^2} \tag{4-4}$$

$$t(x) = x - h_0 \cdot \exp(\zeta \cdot x) \qquad \text{mit} \tag{4-5}$$

$$\zeta = \frac{4}{d_1} \tag{4-6}$$

Verwendet wird dazu die Laufvariable x. Sie läuft von $x = h_0$ bis $x = l_2$ mit:

$$h_0 = d_1 - \sqrt{d_1^2 - r_0^2} \tag{4-7}$$

$$l_2 = \tfrac{1}{4}\, d_1 \cdot \ln\left(\frac{d_1}{4 \cdot h_0}\right) \tag{4-8}$$

Die **Parabel** erfüllt als Sonderfall der linearen Gleichungen höherer Ordnung

$$y = \Sigma\, a_n \cdot x^n \tag{4-9}$$

für n=2 die Bedingung, daß entsprechend der geometrischen Akustik Strahlen aus dem Brennpunkt ins Unendliche fokussiert werden. Anschaulich kann man die Parabel mit einer Quelle im Brennpunkt durch die Erzeugende als ebenen Strahler ersetzen. Für den Trichterradius gilt:

$$r(t) = \sqrt{2 \cdot p \cdot (t - t_0)} \quad \text{mit dem Halbparameter } p \tag{4-10}$$

Ellipsen sind durch horizontale und vertikale Asymptoten auf den Brennachsen gekennzeichnet. Es gilt in kartesischen Koordinaten

$$1 = \frac{x^2}{a^2} + \frac{y^2}{b^2} \tag{4-11}$$

und entsprechend für den Trichterradius r mit den Ellipsenhalbmessern a und b:

$$r(t) = b \cdot \sqrt{1 - \left[\frac{t - t_0 - a}{a}\right]^2} \tag{4-12}$$

Die **Laméschen Kurven** beschreiben den allgemeinen Fall mit dem zusätzlichen Krümmungsfreiheitsgrad, dem Lamé-Exponenten m:

$$1 = \frac{x^m}{a^m} + \frac{y^m}{b^m} \tag{4-13}$$

entsprechend gilt für den Trichterradius:

$$r(t) = b \cdot \sqrt[m]{1 - \left[\frac{t - t_0 - a}{a}\right]^m} \tag{4-14}$$

Für den zusammengesetzten **linearen Trichter** gilt in kartesischen Koordinaten

$$y = a \cdot x \tag{4-15}$$

mit variablen Parametern a, b, und entsprechend für den Trichterradius:

$$r(t) = \frac{R2\text{-}R1}{L1} \cdot t + R1 \text{ für } 0 < t < L1 \text{ und} \tag{4-16}$$

$$r(t) = \frac{R3\text{-}R2}{L2} \cdot t + R2 \text{ für } L1 < t < L2 \tag{4-17}$$

Es sind auch beliebig zusammengesetzte Formen denkbar, z.B. der lineare Trichter mit angesetzter Exponential-Apertur. Für den linearen Trichterteil gilt:

$$r(t) = \frac{R2\text{-}R1}{L1} \cdot t + R1 \tag{4-18}$$

mit dem Anfangsradius (Blende) R1, dem Endradius (Apertur) R2 und der Tiefe Lt. Für den Exponentialteil gilt entsprechend:

$$r(t) = (R2 - \Delta r) \cdot \exp(\zeta \cdot (t - L1)) + \Delta r \tag{4-19}$$

mit den Anfangsradius R1, dem Endradius R3, der Trichtertiefe L1+L2 sowie der Verschiebung L1 auf der t-Achse. Eine vergleichbare Konstruktion wird für Blechblasinstrumente, z.B. Trompeten, verwendet, die ausgeprägte Resonanzen aufweisen.

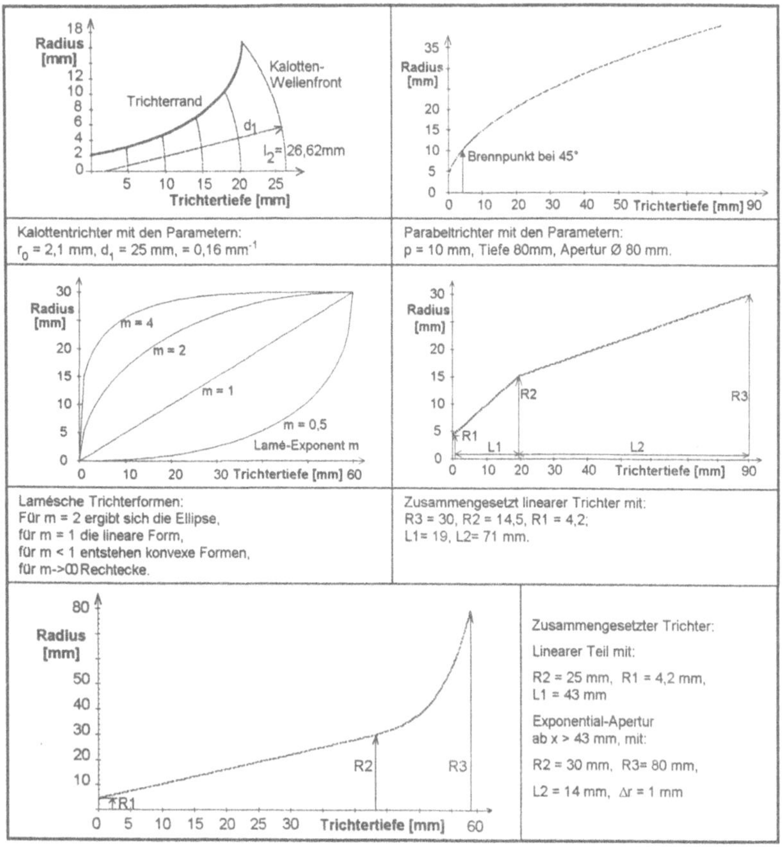

Abb. 4-9: Geometrie ausgewählter Schalltrichter

Apertur achsensymmetrischer Schallkanäle

Die Frontfläche der achsensymmetrischen Konstruktionen ist kreisförmig und bestimmt wesentlich die Abmessungen der Hauptkeule. Eine Abschätzung kann mit Gleichung 3-4 erfolgen. Der Reflexionsfaktor an der Übergangsstelle (Apertur) vom Schalltrichter zum freien Luftschallfeld kann aus dem Volumen Vi, das von der Aperturfläche um λ/2 in den Trichter hineinragt und dem wirksamen Volumen Va, das um λ/2 in den freien Raum ragt, berechnet werden /hanna_77/. Es gilt:

$$K = \frac{Va - Vi}{Va + Vi} \qquad (4\text{-}20)$$

Für eine kreisförmige Apertur mit dem Radius r gilt:

$$Vi = \frac{\pi \cdot r^2 \cdot \lambda}{2} \tag{4-21}$$

$$Va = \frac{\pi \cdot r^2 \cdot \lambda}{2} + \frac{\pi^2 \cdot r \cdot \lambda^2}{8} + \frac{\pi}{12} \cdot \lambda^3 \tag{4-22}$$

$$Va \approx Vi + 1{,}23 \cdot r \cdot \lambda^2 + 0{,}26 \cdot \lambda^3 \tag{4-23}$$

Für einen Trichter mit $r = 25$ mm ergibt sich bei einer Schallwellenlänge von $\lambda = 8{,}5$ mm ein geringer Reflexionsfaktor von $K \approx 13\%$.

4.4.3 Akustische Konstruktionselemente für nicht-achsensymmetrische Konstruktionen

Aus der Vielfalt möglicher nicht-achsensymmetrischer Schallköpfe wurde in der Zielformulierung in Kap. 3 das Beispiel eines Gruppenstrahlers ausgewählt. Entsprechend den Annahmen in Kap. 4.1, daß eine auf Ein-Parameter-Wellenausbreitung basierende Konstruktion zu Schallköpfen mit günstigen Eigenschaften führt, ergibt sich, daß zumindest die Trichtergeometrie orthogonale Flächen aufweisen soll.

Aufgrund der Forderung nach Gruppen-Elementabständen von 0,6 λ liegt es nahe Trichtergeometrien mit konstanter, geringer Höhe zu verwenden. Dies entspricht zwei parallelen, ebenen Koordinatenflächen, wie sie die Systeme (1), (2), (3) und (4) in Abb. 4-6 aufweisen. Die weiteren Randbedingungen des Wandlers ergeben eine Grundkonstruktion, die in Abb. 4-10 skizziert ist:

Eine Anordnung der Wandler in einer Zeile ergibt einen Elementabstand von ca. 1,2 λ, so daß eine Konstruktion mit zwei dichtgepackten Wandlerzeilen den geforderten Elementabstand von 0,6 λ ermöglicht. Um einen maximalen Symmetriegrad zu erhalten, ist eine spiegelsymmetrische Kanalkonstruktion zwischen dem Wandlerelement in der Zeile und der Gruppenstrahler-Apertur anzustreben.

Es sind auch Grundkonstruktionen mit anderen Wandleranordnungen, z.B. in drei Reihen oder frei positioniert denkbar. In diesen Fällen ist die notwendige Wiederholgenauigkeit der Schallabstrahleigenschaften durch die konstruktive Auslegung der Schallkanäle wesentlich schwerer erzielbar.

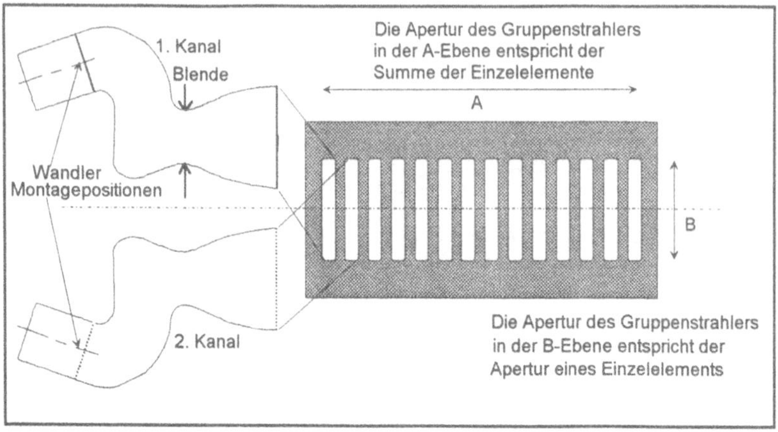

Abb. 4-10: *Montage von zwei Gruppenstrahler-Schallkanälen nebeneinander: Im Überlappungsbereich darf die maximale Kanaldicke das Rastermaß des Strahlerabstands nicht überschreiten.*

Druckkammer

Die Druckkammer-Konstruktion erfolgt in der Weise, daß ein möglichst kleiner Wandler (mit achsensymmetrischer Schallabstrahlung und Durchmesser > λ) mit gutem Wirkungsgrad über die Blende in den Trichter einkoppelt. Mit der bereits beschriebenen Auswahl flacher Trichtergeometrien ergibt sich damit die Forderung, daß die Druckkammer die Zusatzfunktion eines Wellentransformators übernimmt, d.h. einen effizienten Übergang der auftretenden Schall-Schwingungsformen (z.B. von achsensymmetrisch auf zylindrisch) bewirkt. Der Druckkammergeometrieverlauf entspricht einer dreidimensionalen Freiformfläche, deren Auslegung durch experimentelle Untersuchungen zu bestimmen bleibt.

Zusätzlich ist in der Druckkammer des nicht-achsensymmetrischen Schallkanals für den Gruppenstrahler eine Umlenkfunktion der Schallausbreitungsrichtung zu realisieren (s. Abb. 4-10). Hierfür sind die Konstruktionsvarianten Wellenleitung, Reflexion oder Interferenz mit Seitenauskopplung experimentell zu untersuchen.

Blende

Die Blende wird mit Abmessungen < λ in allen Koordinatenrichtungen ausgelegt. An dieser Stelle in der Schallausbreitung soll entsprechend der Definition in Abb. 4-5 ein optimal geordneter Schwingungszustand erzielt werden. Weitere Details zur Blendenkonstruktion ergeben sich im Zusammenhang mit der Ausführung der Druckkammer und des Trichters (vgl. Kap. 6.3 und 7.4).

Trichter

Für die hier betrachteten Zeilenanordnungen von Strahlern eignen sich prinzipiell alle Trichterformen, die in Kap. 4.4.2 für den achsensymmetrischen Fall aufgeführt sind. Aufgrund des hohen Apertur-Reflexionsgrades (s.u.) sind konvexe Geometrien vorzuziehen. Da die Trichterhöhe durch die Auswahl paralleler Begrenzungsebenen mit einem Abstand < λ definiert ist, beschreibt die Trichtergleichung den Verlauf der Trichterbreite.

Reflexion an einer rechteckförmigen Apertur

Für eine rechteckförmige Apertur mit Breite b und Höhe h gilt entsprechend Gl. 4-21:

$$Vi = h \cdot b \cdot \frac{\lambda}{2} \qquad (4\text{-}24)$$

$$Va = h \cdot b \cdot \frac{\lambda}{2} + \frac{\pi \cdot \lambda^2}{8}(b+h) + \frac{\pi \cdot \lambda^3}{6} \qquad (4\text{-}25)$$

Für eine Schlitzöffnung mit $h = 20$ mm, $b = 5$ mm und $\lambda = 8{,}5$ mm ergibt sich mit Gl. 4-23 ein im Vergleich sehr viel höherer Reflexionsfaktor von $K \approx 55$ %. Damit ist zu erwarten, daß der akustische Zustand in diesen Schallkanälen wesentlich stärker durch Interferenzerscheinungen geprägt ist.

4.5 Fragenkatalog zur Konstruktion akustischer Ultraschallelemente

Die bisher hergeleiteten Aussagen bezüglich der Eigenschaften von Schallkanälen führen zu einer Anzahl offener Fragen, deren Klärung für die Konstruktion wesentlich ist. Diese offenen Fragestellungen beziehen sich zum einen auf die für den jeweiligen Schallkopftyp optimale Grundkonstruktion, zum anderen auf die Detailauslegung und Feinabstimmung der Konstruktion.

In Kap. 5 werden Verfahren zur Untersuchung der Eigenschaften von Schallkopfkonstruktionen bereitgestellt, mit denen diese Fragen beantwortet werden können. Die Anwendung dieser Verfahren in Kap. 6 führt zu Erkenntnissen über die Grundkonstruktionen und in Kap. 7 werden bis ins Detail optimierte Schallkopfkonstruktionen vorgestellt.

Ultraschall-Wandler (W)

- Wodurch wird der Schwingungszustand eines realen Wandlers bestimmt ? Wie kann er ausreichend genau beschrieben werden ?
- Wie wirken sich Änderungen dieses Zustands, z.B. durch Wahl eines anderen Wandlerherstellers bei gleichen Abmessungen oder Herstelltoleranzen aus ?
- Welche Elemente der Schallkanal-Konstruktion müssen an einen speziellen Wandler angepaßt werden ?
- Wie wird der Schwingungszustand des Wandlers von dem davorliegenden Luftraum beeinflußt (Rückkopplungswirkung vom Schallkanal auf den Wandler) ?

Druckkammer (DK)

- Welches sind die funktionsbestimmenden Eigenschaften der DK in den verwendeten Frequenzbereichen ?
- Wie kann der Schwingungszustand der Luft in einer Druckkammer beschrieben werden ?
- Ist es möglich, die Konstruktion des Trichters von der Druckkammer unabhängig vorzunehmen, bzw. beliebige Kombinationen vorzunehmen ?
- Was bewirkt eine Variation der DK-Form bei konstanter Tiefe (Abstand Wandler-Blende) ? Gibt es Heuristiken für ein frequenzselektives Tiefenverhalten ?

Blende (B)

- Welches sind die bestimmenden Größen der Blende ?
- Welche Wirkung haben Asymmetrie und leichte Durchmesservariationen der Blende, die z.B. durch Herstelltoleranzen begründet sein können ?
- Welcher Schwingungszustand kann für die Luft im Blendenquerschnitt angenommen werden ?
- Wie beeinflußt der Blendendurchmesser die Richtcharakteristik des Schallkopfes ?

Trichter (T)

- Gibt es allgemein einsetzbare Trichterformen, denen bestimmte Eigenschaften (bezüglich Richtcharakteristik, Wirkungsgrad, Signalform und Pulsverhalten) zugeordnet werden können ?
- Welche Gestaltungskriterien sind für dieses Konstruktionselement bekannt oder ableitbar ? Welchen Schwingungszustand hat die Luft in einem Trichter ?
- Wie breitet sich dann eine Schallwelle in einem Trichter aus, der in den Abmessungen von einer Blende $< \lambda$ bis zu Abmessungen $>> \lambda$ schwankt ?

- Hat die Trichter-Tiefe (Lt) einen wesentlichen Einfluß auf das Resonanzverhalten ? Gibt es wiederkehrende Erscheinungen bei $Lt = n \cdot \lambda$?
- Gibt es eine wesentliche Kopplung der T-Resonanz mit der Druckkammerfunktion (DK-Tiefe) ?
- Welche Regeln können für die Trichterkonstruktion in Hinblick auf die Zielgröße Richtcharakteristik angegeben werden ? Wie wirken durch Herstelltoleranzen begründete Geometrievariationen ?

Apertur (A)

- Welche Regeln für die Gestaltung sind anzugeben ?
- Wie wirkt insbesondere ein Abrundungsradius der Kanten und die Gestaltung der Frontfläche in Aperturnähe ?

Nicht-achsensymmetrische Schallkanäle (Gruppenstrahler-Kanal)

- Welche Besonderheiten sind im Vergleich zu achsensymmetrischen Konstruktionen zu beachten?
- Welche Besonderheiten ergeben sich bei extrem engen Bauformen (Abmessungen $\lambda/2...\lambda$) ?
- Welche Wellenfronten breiten sich in der nicht-achsensymmetrischen DK aus ?
- Kann die Annahme der Trichterwellenausbreitung in Zylinderkoordinaten durch Experimente gestützt werden ?
- Welche Möglichkeiten zur Richtungsumlenkung der Schallausbreitung sind für eine nicht-achsensymmetrische Schallkopf-Konstruktion nutzbar, so daß in der Apertur geordnete Phasen- und Amplitudenverhältnisse erhalten bleiben ?

5 Experimentell gestützter Entwurf von Schallkanälen

5.1 Vorgehensweise unter Einsatz der Simulationstechnik und der Meßtechnik an Labormustern

Ausgehend von den Anforderungen an die Abstrahlcharakteristik und weiteren Randbedingungen wird die Grundkonstruktion nach folgenden Gesichtspunkten ausgewählt:

- Symmetriebedingungen
- Wandler
- Druckkammerform
- Blendendurchmesser
- Trichtertyp
- Apertur

Die Startparameter für die Konstruktion einer ersten Variante werden aus bekannten erfolgreichen Konstruktionen oder Regeln entnommen. Für die weitere Vorgehensweise werden beide Wege, die Simulation und der Funktionsmusterbau, parallel oder zeitversetzt beschritten.

5.1.1 Vorteile der Simulationstechnik

Achsensymmetrische Konstruktionen können schnell durch die Simulation überprüft werden, weil der gesamte Trichter durch eine einfache Linie, die Erzeugende, bestimmt ist. Alle Variationen, die eine weitgehende oder vollständige Änderung der Kanalgeometrie verursachen, sind ebenfalls leichter in der Simulation zu untersuchen. Ein typisches Beispiel ist die Variation des Parabel-Halbparameters p.

Ein weiterer Vorteil der Simulationstechnik liegt in der Tatsache, daß der Schwingungszustand der Luft innerhalb der Trichterkonstruktion und entlang der Trichterwandung angezeigt werden kann.

5.1.2 Vorteile von Funktionsmusterbau und Meßtechnik

Andere Parameter lassen sich an einem Versuchsaufbau schneller optimieren. Ein Beispiel ist die Tiefenabstimmung der Druckkammer. Hier wird in einer Versuchsreihe einfach der Wandler schrittweise nach hinten versetzt.

Für die Überprüfung der Simulationsergebnisse ist in jedem Fall eine Vermessung oder der Vergleich mit experimentellen Ergebnissen ähnlicher Bauvarianten erforderlich.

Auch bei der Bearbeitung von großflächigen Schallformungselementen, z.B. großen Trichtern oder Umlenkkonstruktionen, führt ein Versuchsaufbau bedingt durch die hohen Rechenzeiten der Simulationstechnik schneller zu Ergebnissen.

5.2 Meßtechnische Erfassung der Kenngrößen zur Analyse und Bewertung von Schallköpfen

5.2.1 Ansteuerung der Ultraschallwandler

Für die Schalldruckmessungen wird eine Folge von 10 Sinusschwingungen mit einer Zeitdauer von je 25 µs bei 40 kHz mit einer Pausendauer von ca. 20 ms auf den Wandler gegeben. Die Signalform erzeugt ein Funktionsgenerator. Als rückwirkungsarme Spannungsquelle wird ein Wechselspannungsverstärker (Fa. Spitzenberger, Typ: EV 300/F) eingesetzt, der auch bei stark kapazitiver Belastung durch die Piezoschwinger ein verzerrungsfreies Ausgangssignal liefert. Zur Vermessung von Sensorprodukten wird die mitgelieferte Ansteuerelektronik verwendet. Die Toleranzen in der Ansteuerung betragen für die Frequenzen < 1 Hz und für die Spannungen < 1 V. Der Vergleich mit Messungen im reflexionsarmen Raum des Fraunhofer-Instituts für Bauphysik (Stuttgart) hat bestätigt, daß die Schallabstrahlung der Burstsignale /warnecke_90/ gut mit dem Verhalten bei sinusförmiger Ansteuerung übereinstimmt. Mit kürzeren Burstzeiten werden die Minima in der Richtcharakteristik $\Gamma(\varphi)$ verwischt (dieser durch die höhere Bandbreite bedingte Effekt ist auch in der Theorie bekannt /kuttruff_88/), die Hauptkeulen bleiben erhalten und die Nebenkeulen sind stärker gedämpft. Daher ist die komfortable und einfache Durchführung von akustischen Messungen in einem normalen Labor ohne aufwendige schalldämpfende Maßnahmen möglich, die bei Verwendung von Dauerschall zur Vermeidung von stehenden Wellen erforderlich wären.

5.2.2 Vermessung der erzeugten Ultraschallfelder

Die akustischen Messungen wurden mit kalibrierten und geeichten Meßgeräten der Fa. Bruel & Kjaer durchgeführt (Abb. 5-1 und Abb. 5-3).

Für die Aufnahme der **Richtcharakteristik** wird in 1 m Entfernung zwischen dem Schallsender (Prüfling) und dem Mikrofon gemessen. Als Mikrofon kann das geeichte breitbandige, kapazitive Mikrofon oder ein für den Sendekopf abgestimmter, schmalbandiger Piezoempfänger verwendet werden. Der Prüfling wird dabei in Stufen von + 90° und - 90° geschwenkt.

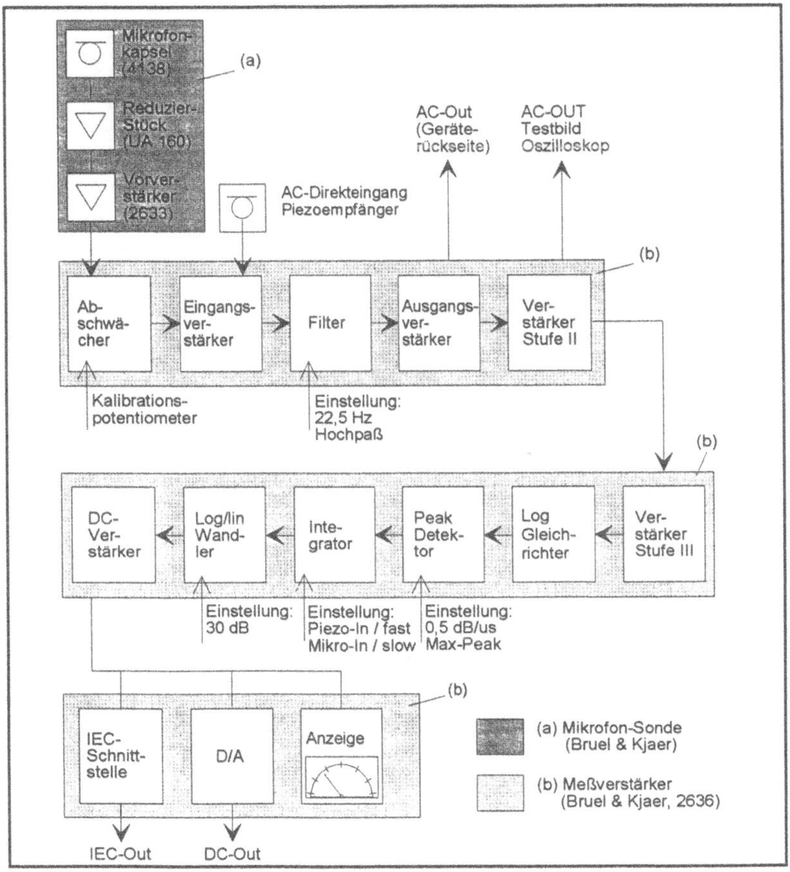

Abb. 5-1: *Meßkettenaufbau des akustischen Meßplatzes: Empfängerzweig*

5.2.3 Graphische Darstellung der Meßergebnisse

Die graphische Darstellung der in Polarkoordinaten aufgenommenen Messung erfolgt als **Richtcharakteristik** mit einer Normierung des maximalen Pegels Lp auf den Maximalwert /rieländer_82/. Dieser Wert ist bei quantitativen Messungen auf dem Plot numerisch ausgewiesen. Die Plot-Skalierung erfolgt bei allgemeinen Schallpegelmessungen (Hörschall) in einem Meßbereich von 50 dB. Für die Entfernungsmessung mit Ultraschall ist der Bereich von 0 bis -20 dB von praktischem Interesse, weil schwächere Schallanteile im Umgebungsrauschen untergehen. Der Öffnungswinkel der Schallkeule ist bei einem Pegelabfall von 3 dB definiert.

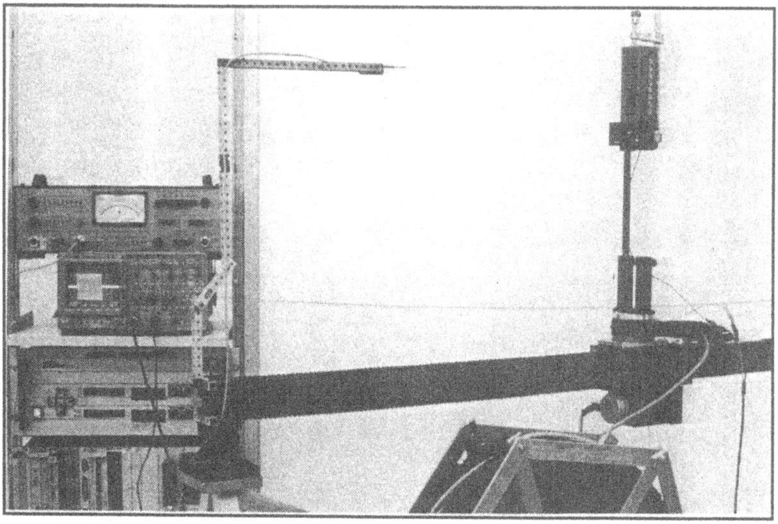

Abb. 5-2: *Laboraufbau zur Vermessung von Ultraschallsensoren*

Die **Linear-Charakteristik** wird aufgenommen, indem Schallkopf und Mikrofon unter 0° Winkel gegenüberstehen. Die Entfernung wird im Arbeitsbereich des Schallkopfes, z.B. von 0...1 m variiert. Der Nullpunkt ist dabei durch die Apertur des Schalltrichters gegeben. Mit dieser Messung wird die Nahfeldlänge des Schallkopfes und die entfernungsabhängige Schalldruckabnahme bestimmt.

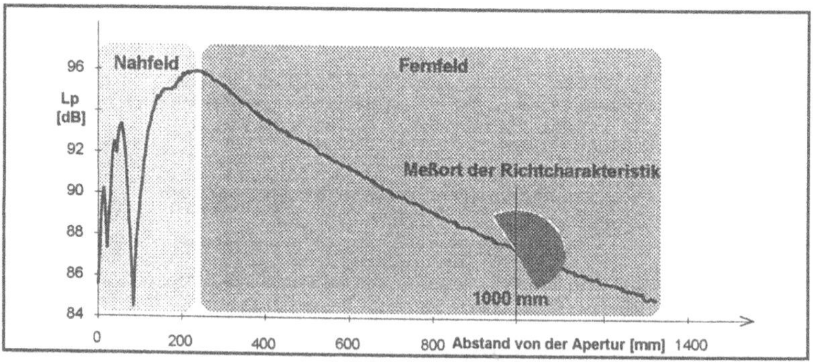

Abb. 5-3: *Definition der Linear-Charakteristik-Messung eines Ultraschallsenders. Der Meßwert in 1m Entfernung entspricht dem Nullgradwert der Richtcharakteristik.*

Die **Pulsform des Burst-Signals** ist für die erzielbare Entfernungsmeßgenauigkeit von Bedeutung. Sie ist gekennzeichnet durch den Spitzenwert, die Ein- und Ausschwingzeitkonstante sowie Nachschwingungen. Im Frequenzbereich ergeben sich entsprechende Kenngrößen für das schmalbandige Spektrum mit Mittenfrequenz und Bandbreite. Ein Beispiel für den Zeitverlauf ist in Abb. 6-2 für den MASSA TR89 B40 Piezowandler aufgeführt.

5.2.3 Regeln für die Durchführung von akustischen Messungen

Akustische Messungen sind durch hohe Frequenzen und geringe Rauschspannungsabstände geprägt. Der Meßkettenaufbau muß unter besonderer Berücksichtigung von Brummeinstreuungen und Umgebungsstörgeräuschen erfolgen.

Meßergebnis	Aussage	Parameter, Störgrößen
Richtcharakteristik	Räumliche Verteilung der Sendeintensität Winkelabhängigkeit der Empfangsempfindlichkeit Rückschlußmöglichkeiten auf den Schwingungszustand der schallabstrahlenden Fläche	Abstand Raumreflexionen von Seitenwänden Signalform (Sinus / Burst). Detektionsfunktion
Resonanzfrequenz	Arbeitsfrequenz für maximale Sendestärke und maximale Empfangsspannung	Wandler: Fertigungsstreuung Schallkanalabstimmung
Sende-Signalform	Radiales Auflösungsvermögen im Entfernungsmeßbetrieb Abstimmungsgüte des Schallkanals in Verbindung mit dem Wandler und der aktuellen Ansteuerfrequenz	Wandler: Fertigungsstreuung Ansteuer-Signalform Elektrische Abstimmung des Sendeverstärkers mit der Wandlerimpedanz
Linear-Charakteristik	Abstandsabhängiger Verlauf des Sendeschalldruckes Ausdehnung des Nahfeldes, Einsatzbereich des Schallkopfes im Nahbereich	Ansteuerfrequenz Raumreflexionen vom Boden

Abb. 5-4: *Aussagen und Randbedingungen von akustischen Messungen unter Laborbedingungen*

5.3 Verfahren zur Herstellung von Versuchsmustern

Aufgrund der komplexen Innenkontur der Schallkanäle haben sich die folgenden drei Verfahren als geeignet erwiesen: Spanendes Bearbeiten, Gießen und Tiefziehen. Für die Versuchsmuster wurde ein **Kunststoff-Gußverfahren** gewählt. Damit ergeben sich die folgenden Eigenschaften:

- Robuste, korrosionsbeständige Ausführung
- Geringes, mechanisches Übersprechen zwischen Schallsender und Empfänger
- Wandstärke: 2...5 mm
- Maximaler spitzer Winkel: > 30°
- Erzielbare Maßtoleranz: 0,1 mm
- Erzielbare Oberflächengüte: ∇∇

Alle ausgewählten Schallkopfformen können in derselben Technologie gefertigt werden. Die Formen werden aus Holz, Kunststoff oder Aluminium erstellt.

Für die Herstellung von in nur einer Ebene symmetrischen Schallkanälen hat sich ein abgewandeltes Verfahren als günstig erwiesen, bei dem die Schallkanalform zweiteilig gegossen und zusammengeklebt wird. Die Kanalgegenkontur in der Gußform stellt eine Freiformfläche dar, die mit einer CNC-Fräse auf Basis des CAD-Modells hergestellt werden kann. Einzelstücke sind auch im direkten 3D-Fräsverfahren herstellbar.

Verfahren	Entwicklungskosten[1]	Stückkosten	Präzision des Kanals	Formstabilität[2]	Kommentar
Fräsen	+	--	+	++	Direkte Herstellung der Schallkanäle
Drehen	+	-	++	++	
Lithographie	o	--	o [3]	++	
Kunststoff-Gußverfahren	+	o	+	+ [4]	Holzform
	-	o	+	+ [4]	Stahlform
	+	o	++	+ [4]	Galvanikform
Metallguß-verfahren [5]	--	o	-- [6]	+	Keramikform
	--	o	--	+	Stahlform
Erodieren	+	--	++	+	Direkte Herstellung
Tiefziehen Metall	-	+	+	+	2 Stahlformen, poliert
Tiefziehen Kunststoff	+	++	o	-	Kunststoff-Form
	+	++	o	-	Leichtmetall-Form
	+	++	o	++	Leichtmetall-Form mit zusätzlichem Hinterguß
Bewertungsmaßstäbe:	++ sehr niedrig + niedrig o mittel - hoch -- sehr hoch		++ sehr günstig + günstig o mittel - schlecht -- sehr schlecht		

1 einschließlich vorbereitende Arbeiten, z.B. CAD-Modellerstellung oder Formenbau
2 Formstabilität des Schallkanals bei -20°...60°
3 stufige Oberflächen
4 sehr gute Korrosionsbeständigkeit des Gußteils
5 z.B. Aluminium Schallkanal-Objekte
6 empfindlich gegen Wärmeschwund

Abb. 5-5: Herstellungsverfahren für Ultraschallkanäle

5.4 Verfahren zur Simulation der Ultraschall-abstrahlung (BEM und FEM)

Der Boundary-Element-Methode (BEM) liegt die Integralform der Helmholtz'schen Wellengleichung zugrunde. Zur Berechnung des Schallfeldes ist die Definition der Grenzflächen notwendig. Diese ist im Boundary-Mesh (BM) enthalten. Die Finite-Element-Methode (FEM) basiert auf der Differentialform der Helmholtz-Gleichung. Zur Berechnung des Schallfeldes ist hier die Diskretisierung des gesamten Luftraums in Einzelelemente erforderlich. Diese ist im FE-Netz enthalten. Eine Abstrahlung ins Unendliche ist nicht exakt nachzubilden. Zur Anzeige der berechneten Feldverteilungen (in BEM und FEM) kann zusätzlich ein Feldpunkt-Netz (Field-Point-Mesh, FPM) mit einer beliebigen Lage und Form definiert werden.

In vorliegender Untersuchung wird die FEM für die akustische Modalanalyse eines exemplarischen Schallkanals und für die mechanische Schwingungsanalyse eines Piezowandlers verwendet /nit_92/. Der Schwerpunkt der Simulationsrechnungen liegt in der Anwendung der BEM. Als Schallfeldkenngrößen werden Druck, Schnelle und Intensität berechnet. Es wird von einer harmonischen Anregung ausgegangen und der eingeschwungene Zustand der zeit- und raumabhängige Größen berechnet. Damit ergibt sich:

$$\underline{p}(\vec{r},t) = \underline{p}(\vec{r}) \cdot \exp(j\omega t) \tag{5-1}$$

$$\vec{\underline{v}}(\vec{r},t) = \vec{\underline{v}}(\vec{r}) \cdot \exp(j\omega t) \tag{5-2}$$

$$\vec{\underline{i}}(\vec{r},t) = \vec{\underline{i}}(\vec{r}) \cdot \exp(j\omega t) \tag{5-3}$$

Von der Simulation ausgegeben und grafisch angezeigt wird der zeitunabhängige Teil, der wegen dem Fortschreiten der Welle mit dem Ort weiterhin ein komplexe Größe ist.

$$\underline{p}(\vec{r}) = \mathrm{Re}(\underline{p}) + j\,\mathrm{Im}(\underline{p}) = p \cdot \exp(j\psi_p), \tag{5-4}$$

$$\vec{\underline{v}}(\vec{r}) = \begin{pmatrix} \mathrm{Re}(\underline{v}_x) \\ \mathrm{Re}(\underline{v}_y) \\ \mathrm{Re}(\underline{v}_z) \end{pmatrix} + \begin{pmatrix} \mathrm{Im}(\underline{v}_x) \\ \mathrm{Im}(\underline{v}_y) \\ \mathrm{Im}(\underline{v}_z) \end{pmatrix} = \begin{pmatrix} v_x \\ v_y \\ v_z \end{pmatrix} \cdot \begin{pmatrix} \exp(j\psi_{vx}) \\ \exp(j\psi_{vy}) \\ \exp(j\psi_{vz}) \end{pmatrix} \tag{5-5}$$

$$\vec{\underline{i}}(\vec{r}) = \underline{p}(\vec{r}) \cdot \vec{\underline{v}}(\vec{r}) = \begin{pmatrix} i_x \\ i_y \\ i_z \end{pmatrix} \cdot \begin{pmatrix} \exp(j\psi_{ix}) \\ \exp(j\psi_{iy}) \\ \exp(j\psi_{iz}) \end{pmatrix} \tag{5-6}$$

Eine wichtige abgeleitete Größe ist die Schallimpedanz mit:

$$\vec{\underline{z}}(\vec{r}) = \frac{\underline{p}(\vec{r})}{\underline{v}(\vec{r})} \qquad (5\text{-}7)$$

5.4.1 Überblick der theoretischen Grundlagen der verwendeten Boundary-Element-Methode

Ausgangspunkt der Berechnung ist in allen Fällen die Helmholtz'sche Wellengleichung:

$$(\nabla^2 \vec{p} + k^2 \vec{p}) = 0 \qquad (5\text{-}8)$$

mit dem Nabla-Operator ∇ und der Wellenzahl k.

Sie geht aus der allgemeinen Wellengleichung hervor, wenn man annimmt, daß alle Vorgänge periodisch mit der Kreisfrequenz ω ablaufen. Das bedeutet, daß eine harmonische Erregung vorausgesetzt und der eingeschwungene Zustand berechnet wird.

Bei der BEM integriert man Gl. 5-8 über ein Volumen, und wandelt dann das Volumenintegral mit dem Green'schen Integralsatz in Oberflächenintegrale um. Da der Integrand im Unendlichen verschwindet, und das Oberflächenintegral über eine ε-Kugel um einen Punkt für $\varepsilon \rightarrow 0$ den Druck in diesem Punkt ergibt, erhält man im Fall der 3-dimensionalen Berechnung für einen Punkt außerhalb des Volumens:

$$I = \int_S \left(p(\vec{y}) \frac{\delta G(\vec{x},\vec{y})}{\delta n_Y} - G(\vec{x},\vec{y}) \frac{\delta p(\vec{y})}{\delta n_Y} \right) dS(\vec{y}) \qquad (5\text{-}9)$$

mit einer Kugelwelle

$$G(\vec{x},\vec{y}) = \frac{\exp(-jkR)}{4\pi R} \qquad (5\text{-}9)$$

als Green'sche Funktion. S ist eine beliebig wählbare geschlossene Oberfläche, die ein Volumen einschließt, $\vec{x}$ ist die Ortskoordinate des zu berechnenden Feldpunktes, $\vec{y}$ ist die im allgemeinen Fall räumliche Integrationsvariable entlang der Grenzfläche. Anschaulich beschreibt das Integral I die Tatsache, daß der Zustand an einem Punkt im Schallfeld durch die Überlagerung der von allen Einzelpunkten der Grenzflächen ausgehenden Kugelwellen bestimmt ist. Die folgenden Ausführungen geben einen groben Einblick in die verwendeten Simulationsverfahren zur Berechnung des Integrals I, weitere Details siehe /nit_92/.

Direkte Berechnung - Kollokationsansatz

Für Punkte auf der Oberfläche ergibt sich $I = \frac{1}{2}\ p(\vec{x})$. Damit kann, falls auf der Oberfläche der Druck oder die Normalschnelle bekannt sind (Randbedingung), die jeweils andere Größe über die Kreuzkopplungen mit den anderen Oberflächenpunkten berechnet werden. Über $p(\vec{x}) = I$ ergibt sich dann der Druck im umgebenden Raum. Im Inneren des BM-Volumens ist $I = 0$.

Indirekte Berechnung - Variationsansatz

Läßt man das bei der direkten Berechnung betrachtete Volumen zu einer unendlich dünnen Platte entarten, so lassen sich die Integralanteile auf beiden Seiten der Platte zusammenziehen. Damit wird nun ein Drucksprung μ und ein Schnellesprung σ gewichtet über die Plattenfläche integriert und aus Gl. 5-9 wird:

$$I = \int_S \left(\mu(\vec{y}) \frac{\delta(\vec{x},\vec{y})}{\delta n_Y} - G(\vec{x},\vec{y})\sigma(\vec{y}) \right) dS(\vec{y}) \qquad (5\text{-}11)$$

Mit Vorgabe der Randbedingungen lassen sich σ und μ indirekt bestimmen, und daraus $p(\vec{x})$. Für die Form der Platte gibt es keine Einschränkungen. Vorteil dieser Rechenmethode ist die kleinere zu modellierende Fläche S, Nachteil ist die erhöhte Rechenzeit gegenüber dem Kollokationsansatz. Die in Kap. 6 und Kap. 7 aufgeführten nicht achsensymmetrischen Geometrien konnten aus Speicherplatzgründen nur mit der Variationsmethode gerechnet werden.

5.4.2 Regeln für die Verwendung der Simulationsverfahren

Die Form des simulierten Schallkopfes wird über ein Punktgitter (Boundary-Mesh, BM) angegeben. Für die BEM-Simulation wird davon ausgegangen, daß für die Punkte der schallharten Wand die Normalschnelle Null ist, d.h. die Wand schwingt nicht. Für die Punkte des Wandlers wird eine Schnellebelegung entsprechend dem Schwingungszustand des Wandlers vorgegeben (vgl. Kap. 6).

Bei der Berechnung wird in einem ersten Schritt die Druckbelegung in den Punkten des BM berechnet und zusammen mit der Schnellebelegung gespeichert. Dieses Ergebnis wird als Potentialbelegung bezeichnet. Die Größe des Schalldrucks an jedem BM-Punkt wird in der graphischen Präsentation der Schallkopfeigenschaften als Pfeil dargestellt (vgl. auch Abb. 6-11).

In einem zweiten Rechengang können dann die Schallfeldkenngrößen an beliebigen anderen Raumpunkten berechnet werden. Die Punkte, für die diese Berechnung gewünscht wird, sind in einem Feldpunkt-Netz (Field-Point-Mesh, FPM) enthalten. Ausgewertet wird der Schalldruckpegel Lp in der Grauwertskala des FPM und in der Richtcharakteristik sowie die Phase des Schalldrucks durch die Nullphasenlinien im FPM.

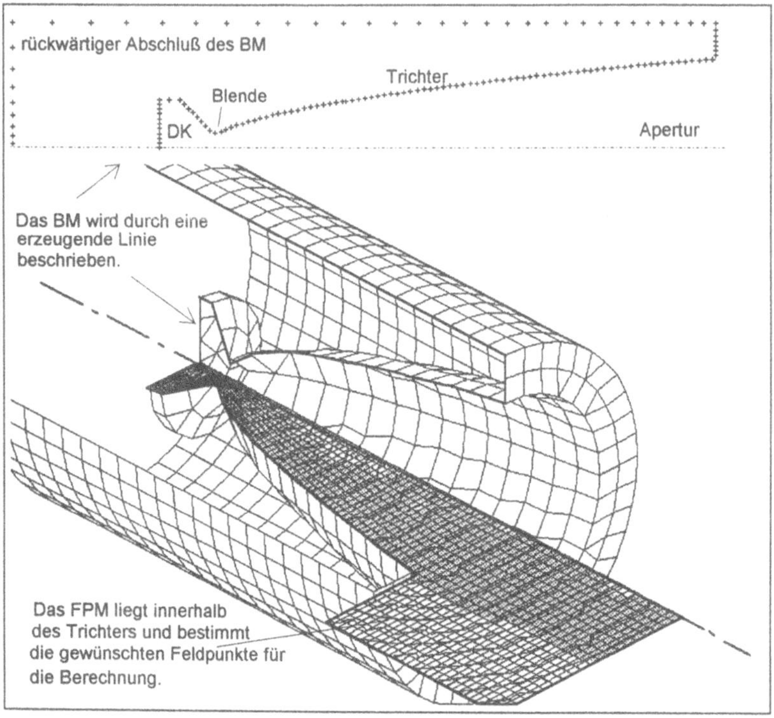

Abb. 5-6: *Grenzflächen-Netz (Boundary Mesh, BM): Das BM beschreibt die Geometrie des Schallkanals unter Nutzung vorhandener Symmetrieeigenschaften. Die Feinheit der Punkte-Diskretisierung bestimmt die Güte des Simulationsergebnisses und den Rechenaufwand.*

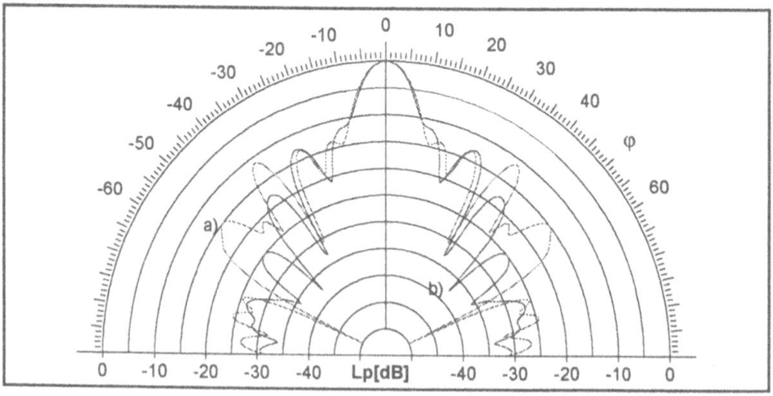

Abb. 5-7: *Auswirkungen numerischer Fehler in der Richtcharakteristik durch zu großen Punktabstand im BM*
a) D_s = 1 mm, b) D_s = 0,5 mm, f = 40 kHz, λ = 8,5 mm

5.4.3 Numerische Besonderheiten

Für eine korrekte Berechnung der Schallfeldkenngrößen muß das BM ausreichend fein definiert werden. Dies ist erfüllt, wenn der Punktabstand im schalldruckbelegten Bereich kleiner $\lambda/16$ gewählt wird.

Bei deutlich gröberen BM entstehen numerische Fehler, die zu physikalisch falschen Rechenergebnissen in der Druckverteilung und z.B. in der Richtcharakteristik führen. Als Schallkanalgeometrie liegt dem Beispiel in Abb. 5-7 ein Parabeltrichter ähnlich Abb. 6-12 zugrunde.

5.4.4 Modalanalyse (Finite Element Methode, FEM)

Der Schallkanal bildet mit der eingeschlossenen Luft und der begrenzenden schallharten Grenzfläche einen Resonator, in dem neben dem Grundmode auch Moden höherer Ordnung auftreten. Das Resonanzverhalten des Schallkanals im Sendebetrieb ist im wesentlichen durch eine vom Wandler zum freien Luftfeld hinlaufende und eine an der Apertur zurückreflektierte Welle gekennzeichnet. Die entsprechenden umgekehrten Annahmen gelten nach dem in Kap. 2 aufgeführten Reziprozitätsgesetz auch für den Betrieb des Schallkanals als Empfänger. Diesen Wellen können Diagonal- und Quermoden überlagert sein, so daß sich eine komplexe Schwingungsform herausbildet. Für die Abstrahlung verantwortlich ist die aus dem Trichter herauslaufende Welle. Die Modalanalyse ergibt ein Bild der anregbaren stehenden Wellen im Trichter.

Annahmen zur Modalanalyse (Boundary Conditions)

Die Modalanalyse der Finite-Element-Methode (FEM) arbeitet mit einem den gesamten Schallkanal füllenden Netz. Für den Abschluß der Trichteröffnung zum freien Luftraum werden zwei alternative Randbedingungen verwendet:

A: Die Punkte auf der Aperturfläche werden auf $|p| = 0$ gesetzt.

B: Die Grenzbedingung entspricht der Schallausbreitung im Fernfeld mit $z = \rho \cdot c$.

Für alle anderen Randpunkte der Schallkanalwandung wird $v_n = 0$ angenommen. Bei beiden Randbedingungen A und B sind die berechneten Moden stark ähnlich, die Eigenfrequenzen zeigen wechselnde Verschiebungen um ca. $\pm$ 10 % auf. Die Ergebnisse der Modalanalyse zeigen lediglich Tendenzen auf, die auch in der Realität nachzuweisen sind, aber keine ausreichend exakte Übereinstimmung aufweisen.

Numerische Rechenoptionen

Die Feinheit der Diskretisierung des Netzes im Schallkanal ist bei Punktabständen $D\_s = \lambda/8$ ausreichend. Eine Verfeinerung auf $D\_s = \lambda/16$ ergibt eine leichte Frequenzverschiebung ohne sichtbare weitere Änderung der Moden. Die benötigte Rechenzeit zur Erfassung von akustischen Resonanzen um 40 kHz kann sehr hoch werden, denn es sind über 80 Moden zu berücksichtigen.

5.4.5 Zusammenfassung der simulationstechnischen Aspekte

Die in Abb.5-8 aufgeführten Annahmen und Regeln werden durch den Vergleich von Simulationsproben mit bekannten physikalischen Effekten und Messungen bestimmt. Die Rechenoptionen und Diskretisierungsanforderungen weichen von den üblichen Herstellerangaben der Programme ab und sind deshalb in der folgenden Tabelle - zusammengestellt.

5.5 Zusammenfassung der vorgeschlagenen empirisch / heuristischen Methodik

Zur Konstruktion von Schallköpfen mit Schallkanal-Elementen wird folgende Methodik vorgeschlagen:

- Ausgehend von den Anwenderforderungen wird anhand bekannter Heuristiken eine geeignete Grundkonstruktion vorausgewählt und ausgearbeitet. Theoretische Aspekte führen dabei zu einer Vorauswahl günstiger Geometrien der schallformenden Flächen, die in Hinblick auf die resultierende Abstrahlcharakteristik noch nicht vollständig bestimmt sind. Fertigungstechnische Gesichtspunkte ergeben weitere Randbedingungen für die technische und wirtschaftliche Machbarkeit bei der nach dem aktuellen Stand der Fertigungstechnik gut geeigneten Gußtechnik. also die Herstellbarkeit der Gußformen und der Abgüsse selbst.

- Mit den beschriebenen experimentellen Verfahren wird dieser erste "Rapid Prototype" geprüft und gezielt in wichtigen Parametern verändert. Die Simulationstechnik bedingt die Modellierung der Grenzflächen auf dem Rechner. Insbesondere bei nicht-achsensymmetrischen Objekten sind die dabei möglichen Flächenbeschreibungen auf wenige Typen beschränkt. Es lassen sich zwar beliebige Geometrien darstellen, der Aufwand zur Modellerstellung oder Modifikation ist aber bei ungeschickter Wahl nicht praktikabel.

- Aufgrund der sich ergänzenden Analysemöglichkeiten des Versuchsmusterbaus und der Simulation ist es empfehlenswert, eine Schallkopfkonstruktion möglichst parallel mit beiden Verfahren, also im Versuchsmusterbau und in der Simulation, zu prüfen.

	Annahmen	Regeln
(1) Diskreti-sierung im BM des Schallkanals	**Hohe Schwankungen der Potentiale (Schalldruck und Schnelle entlang der Kanalwand) führen bei zu großem Punktabstand zu signifikant falschen Ergebnissen bei der Richtcharakteristik.** Die Randlinie wird durch Linienelemente zwischen den Diskretisierungspunkten ausreichend genau beschrieben. Bei kleinen Öffnungen muß die Diskretisierung in Öffnungsnähe 4 bis 5 mal so groß sein wie die Öffnung selbst.	Die Diskretisierung der schallharten Grenzfläche im Bereich des inneren Schallkanals muß mit einem Punktabstand: D_s (Kanal) ≤ λ / 16 erfolgen. Die nicht akustisch wirksamen Außenflächen können mit stufenlosem Übergang zwecks schnellerer Rechnung gröber modelliert werden mit: D_s (Außenbereich) ≤ λ / 2
(2) Diskreti-sierung im FPM	Um eine korrekte Darstellung des Druckbildes zu erhalten, muß der Abstand der Gitterlinien deutlich kleiner sein als der Abstand zwischen zwei Druckmaxima. Der Abstand zwischen zwei Druckmaxima bei Interferenzerscheinungen beträgt λ/2. Dabei ist λ bei Wellenerscheinungen im Trichter etwas größer als im Freifeld.	Die Diskretisierung im FPM sollte D_s (FPM) ≤ λ/6 sein.
(3) Irreguläre Frequenzen	Irreguläre Frequenzen sind auf Resonanzen in vom BM eingeschlossene Volumina zurückzuführen. Sie führen zur Berechnung einer falschen Richtcharakteristik. Sie können durch Variation der Außenkontur verändert werden.	Wenn sich aufgrund irregulärer Frequenzen eine physikalisch unsinnige Richtcharakteristik ergibt, ist das eingeschlossene Volumen durch Variation der Randkurve in akustisch nicht relevanten Gebieten zu ändern oder es müssen Dämpfungspunkte im eingeschlossenen Volumen angebracht werden.
(4) Rechen-genauigkeit	Die Rechengenauigkeit ist ausreichend bei den Defaultwerten. Bei erhöhter Rechengenauigkeit ergeben sich keine anderen Ergebnisse.	Wenn Fehler bei der Berechnung vermutet werden, sind Diskretisierung und irreguläre Frequenzen zu überprüfen.
(5) Druck-kammer: Wandler	Unabhängig von der DK-Form und dem Wandler bildet sich im Resonanzfall ein Druckmaximum vor der Blende aus. Die Schallausbreitung im Schalltrichter ist nur von der Ausbildung dieses Maximums abhängig und nicht vom genauen Modenbild in der Druckkammer.	Die exakte Nachbildung des Wandlers ist für die Berechnung der Wellen im Trichter und im Außenraum nicht notwendig.
(6) Druck-kammer: Abstimmung	Je nach Tiefenabstimmung werden in der Druckkammer verschiedene Moden angeregt. Für korrekte Simulationsergebnisse ist eine Grobabstimmung ausreichend, die sicherstellt, daß sich das den Trichter beschallende Druckmaximum an der richtigen Stelle befindet.	Die Grobabstimmung kann ausreichend genau von ähnlichen Trichtern übernommen werden. Die Resonanzfeinabstimmung erfolgt experimentell.
(7) Frontfläche	Die akustische Gestaltung der Frontfläche ersetzt im Modell die Montagefläche des Schallkopfes in der Anwendungsumgebung. Sie ist notwendig, um Beugungserscheinungen an den Kanten zu vermeiden.	Eine 1,5 λ breite Frontfläche reicht bei den konkaven Trichtern aus. Bei konvexen Trichtern kann eine Breite von 2,5 λ notwendig sein.
(8) Punktzahl 3D	Die benötigte Rechenzeit steigt mit der Diskretisierungs-Punktzahl n etwa wie n^3 an, der Hauptspeicherbedarf etwa wie n^2.	Für die Berechnung ist die Indirekte Methode (Variationsansatz) zu wählen, da hier keine geschlossene Oberfläche und damit weniger Punkte als bei der direkten Berechnung (Kollokationsansatz) benötigt werden.
(9) 3D Flächen-beschreibung	Bei der 3D-Simulation muß für den Rand ein Flächennetz generiert werden.	Komplizierte Flächen müssen in modellierbare Teilflächen zerlegt werden. Für gekrümmte Flächen ist die Flächenbeschreibung nach Coons (s.u.) sinnvoll.
(10) Wandler (3D)	Wenn ein Wandler als schnellebelegte Fläche modelliert wird, strahlt er nach zwei Seiten ab. Die Abstrahlung nach hinten kann die Berechnung auch im vorderen Bereich beeinflussen.	Der Wandler ist als Kasten zu modellieren, um eine der Realität nicht entsprechende Abstrahlung nach hinten zu vermeiden.

Abb. 5-8: Annahmen und Regeln zur korrekten Verwendung der Simulationstechnik im Hochfrequenzbereich

Dabei können auch neue Heuristiken abgeleitet oder bestehende verworfen werden. Die Anwendung dieser Methodik für die Konstruktion von Schallkanälen für verschiedenste Sensor-Meßaufgaben hat zu einer Reihe von solchen abgeleiteten Heuristiken geführt, die in Kap. 6 aufgeführt sind.

5.5.1 Vorgehensweise für achsensymmetrische Schallkanäle

Die Geometrie wird durch die Erzeugende, also die den Trichterradius beschreibende Randkurve, vollständig beschrieben. Der achsensymmetrische Wandler ist leicht einsetzbar und im verwendeten Schwingungsmode ebenfalls achsensymmetrisch zu modellieren. Damit ergibt sich folgende Vorgehensweise:

- Der Wandlerdurchmesser ist durch die Wandlerauswahl für die Schallkanalkonstruktion vorgegeben.
- Aperturdurchmesser, Blendendurchmesser und Trichter-Typ werden regelbasiert gewählt.
- Die Druckkammertiefe wird nach der Helmholtz-Regel vorgewählt und experimentell feinabgestimmt.
- Die Trichterrandlinie wird durch eine mathematische Gleichung (Kap. 4.4) definiert und punktweise berechnet.
- Die "BEM-Kollokations"-Simulation gibt Aufschluß über die zu erwartende Richtcharakteristik, die durch die Interferenzen im Schallkanal bestimmt wird.
- Aufgrund der Analyse der Richtcharakteristik, der Druckverteilung, der Phasenlinien und der Potentialbelegung werden die Parameter der Trichtergleichung, die Trichtertiefe und Druckkammertiefe schrittweise optimiert.
- Fertigung eines Versuchsmusters in Kunststoff-Gußtechnik. Der funktionsbestimmende Teil des Schallkopfes ist die Innenkontur und die Apertur. Diese sind formgenau und mit glatter Oberfläche (auf einer CNC-Drehmaschine) herzustellen.
- Abstimmung der DK-Tiefenresonanz über die Wandlereinbaulage.
- Für die endgültige Konstruktion: Ausmessen der Richtcharakteristik, Linearcharakteristik und Schallimpulsform, sowie Einbinden des Schallkopfes in das Ultraschall-Sensorsystem.

5.5.2 Vorgehensweise für nicht-achsensymmetrische Schallkanäle

Die Geometrie wird durch Kombination von einfachen Flächen (Ebene, Zylinder) und gekrümmten Flächen mit stetigem Übergang erzeugt. Für die gekrümmten Flächen werden Coons oder Bezier-Interpolationen /spur_84/ verwendet. Der Wandler wird als achsensymmetrisches Teil in das Modell eingesetzt. Es ergibt sich folgendes Vorgehen:

- Der Wandlerdurchmesser ist durch die Wandlerauswahl für die Schallkanalkonstruktion vorgegeben.
- Die Aperturfläche wird entsprechend der gewünschten Abstrahlcharakteristik vorgewählt.
- Der wandlernahe Bereich soll so gestaltet sein, daß eine Druckkammer deutlich abtrennbar ist.
- Die Blende als Abschluß der Druckkammer wird regelbasiert vorgewählt. Hier sind keine experimentellen Variationen notwendig.
- Die Schallkanalwand wird über die Randlinien in den Symmetrieebenen vordefiniert. Die Wandflächen werden durch stetig differenzierbare, kantenfreie, einfache Flächen ergänzt.
- Die BEM-Simulation gibt Aufschluß über die zu erwartende Druckverteilung im Schallkanal. Die Darstellung des Schalldrucks erlaubt ein anschauliches Verständnis der akustischen Verhältnisse im Schallkanal und unterstützt die schrittweise Optimierung der Form.
- Parallel zur Simulation erfolgt die Herstellung von Versuchskanälen zur Feinauslegung von Resonanzstellen. Der funktionsbestimmende Teil des Schallkopfes ist die Innenkontur und die Apertur. Diese sind formgenau und mit glatter Oberfläche herzustellen, z.B. auf einer CNC-Fräsmaschine oder in Kunststoff-Gußtechnik in Form von zwei Halbschalen. An einer Resonanzstelle kann ein bewegliches Teil (Schieber) für die Abstimmung eingebaut werden oder der Kanal wird nachträglich an der Innenkontur modifiziert.
- Für die endgültige Konstruktion: Fertigung eines Versuchsmusters und Feinabstimmung der Tiefenresonanz über die Wandlereinbaulage. Ausmessen der Richtcharakteristik, Linearcharakteristik und Schallimpulsform, sowie Einbinden des Schallkopfes in das Ultraschall-Sensorsystem.

6 Untersuchungen zum anwendungsspezifischen Entwurf von Schallköpfen

In den vorausgegangenen Ausführungen wurde zum Aufbau anwendungsoptimierter Ultraschallsensoren die Konstruktion von Schallköpfen basierend auf Schallkanälen ausgewählt. Diese sind mit Piezowandlern bestückt und können zu Gruppenstrahlern kombiniert werden.

Die Modellierung der hierzu notwendigen Komponenten führt noch nicht zu ausreichenden Kenntnissen, um eine Konstruktion durchzuführen. Durch Aufbau und Variation von Musterschallköpfen mit den in Kap. 5 beschriebenen Verfahren kann eine gegebene Grundkonstruktion in ihren Eigenschaften erfaßt werden. Im folgenden Kapitel sind eine Reihe von allgemein verwendbaren Beispielen als Ergebnis der Anwendung dieser Vorgehensweise gesammelt, die für weitere Neukonstruktionen als Referenz und Ausgangspunkt von Nutzen sind. Die Meß- und Simulationsergebnisse vertiefen und stützen die physikalisch/mathematischen Annahmen aus Kap. 4. Sie werden in Form von Annahmen und Regeln in jedem Teilkapitel des Regelkatalogs (Kap. 6.2) formuliert.

6.1 Meßtechnische Ermittlung der Ausgangsparameter

Die Angaben der Wandlerhersteller in den technischen Datenblättern sind unzureichend für die detaillierte Untersuchung der in Schallkanälen auftretenden Effekte. Aus diesem Grund werden im folgenden ausgewählte Piezowandler der Firmen Massa und Nippon Ceramic in den akustischen und elektrischen Eigenschaften erfaßt.

Die Anwender-Anforderungen an ein Ultraschall-Sensorsystem betreffen vor allem die Erkennung von Meßobjekten und Nichtdetektion von Störobjekten, deren Reflexionseigenschaften nicht exakt bekannt sind. Daher werden diese Faktoren in einer zweiten Versuchsreihe bestimmt.

6.1.1 Der mechanische Schwingungszustand des Wandlers

Die Dicke, Elastizität und Dichte der schwingenden und schallabstrahlenden Wandler-Frontfläche zusammen mit der Art der mechanischen Einspannung bestimmen die Schwingungsform und Resonanzfrequenz. Abb. 6-1 zeigt die Konstruktionen der untersuchten Wandler.

Der vom Wandler bei Pulsansteuerung erzeugte Nennschalldruck (in 1m Entfernung als Maximalwert des Impulspaketes) ist abhängig von der Ansteuerspannung und der Länge des Pulspaketes.

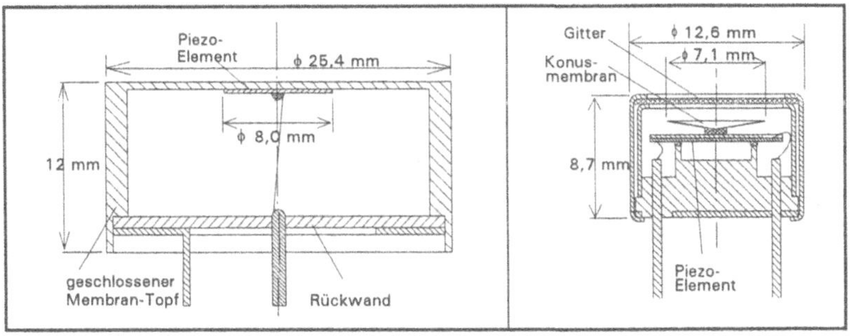

Abb. 6-1: *Konstruktion der Piezo-Ultraschallwandler MASSA TR89 und Nippon T40-12*

Bei Übersteuerung tritt eine thermisch bedingte Störung der Piezoeigenschaften auf, die zunächst zu einer dauerhaften Wirkungsgradabsenkung und bei weiterer Steigerung zur direkten Zerstörung des Wandlers führt. Der Nippon T40-12 Wandler weist ein leicht modellierbares Schwingungsverhalten auf und wird in Kap. 6.3.1 weiter beschrieben und verwendet.

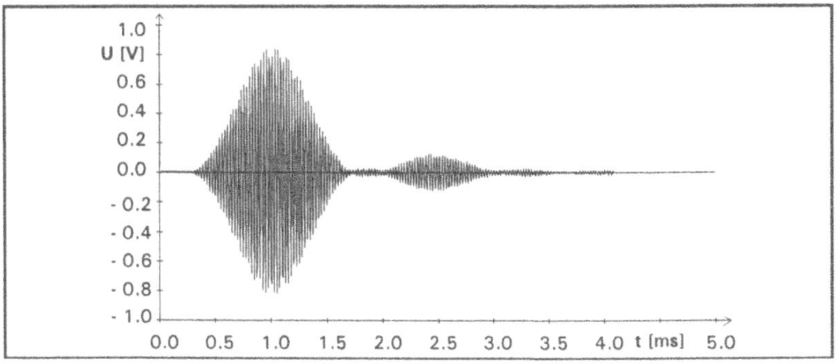

Abb. 6-2: *Typische Signalform eines Ultraschall-BURST Signals: Dargestellt ist die Spannung am Ausgang des TR89B40 bei Ansteuerung eines weiteren in 1m gegenüberliegenden TR89B40 mit einer Folge von 20 Sinusschwingungen (39 kHz).*

Die Modalanalyse des Piezoschwingers TR89B40 erfolgte mit einem FEM-Programm (SYSTUS). Untersuchungen unter Berücksichtigung der speziellen Piezo-Eigenschaften wurden von /kagawa_74/ und /kamal_81/ unternommen. Im Vergleich mit meßtechnisch bestimmten Werten konnte ermittelt werden, daß das Schwingungsverhalten des Piezoelements durch geeignete Wahl des Elastizitätsmoduls und der Dimensionierung ausreichend genau modelliert werden kann. Überprüft wurden hierbei die Schwingungsauslenkung und die Wirkung auf die Richtcharakteristik.

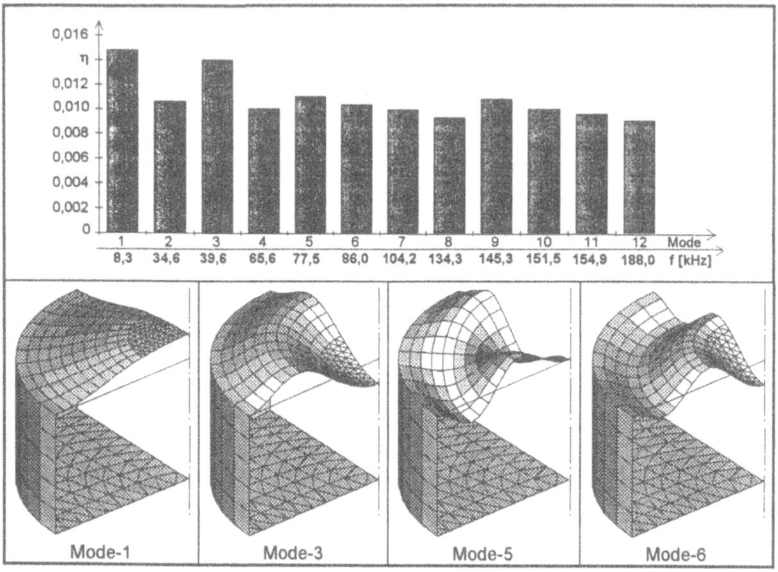

Abb. 6-3: *Eigenschwingungsmoden und Eigenfrequenzen des Ultraschallwandlers MASSA TR89B40.*
Oben: Wirkungsgrad η und Eigenfrequenz der ersten 12 Schwingungsformen
Unten: Schwingungsauslenkung ausgewählter Moden (Viertelstück-Modelle)

Die Moden 1, 3, 6 und 10 in Abb. 6-3 sind achsensymmetrische Schwingungsformen. Die Schnellebelegung des Mode-3 ist in Abb. 6-4 über den Radius dargestellt. Sie wurde als Schwingungsanregung für alle BEM-Simulationsläufe in Kap. 6.2 verwendet.

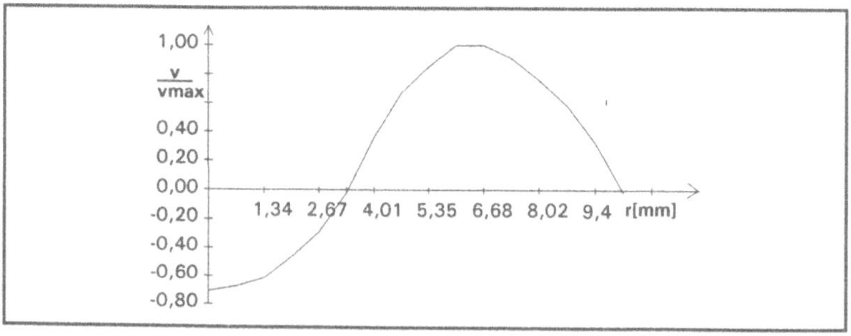

Abb. 6-4: *Schwingungszustand des Ultraschallwandlers MASSA TR89B40 (Mode-3)*

6.1.2 Reflexionseigenschaften von Meßobjekten für Ultraschallsignale

Die Schlüsselfunktion eines Ultraschallsensors in der Betriebsart Entfernungsmessung oder Objektdetektion besteht darin, ein Schallsignal in einem definierten Raumbereich abzustrahlen, so daß das Meßobjekt ein durch die Sensorelektronik gut detektierbares Echo zurückwirft. Die Dynamikspanne in der Ultraschallreflexion verschiedener Meßobjekte ist sehr groß (bis zu 30 dB).

Es wurde eine repräsentative Auswahl von Reflektoren vermessen. Die Objekte in der Regalgassen-Szene in Abb. 6-5 sind umso stärker mit dunklen Punkten versehen, je besser Ultraschallwellen von ihnen reflektiert werden.

Abb. 6-5: *Anschauliche Darstellung der Schallreflexionseigenschaften: Eine senkrecht zur Meßachse stehende ebene Fläche reflektiert optimal stark, ebenso ein Tripelspiegel. Gerundete große Objekte sind dagegen deutlich schwächer zu erkennen. Von der Meßachse schräg abgewandte Flächen senden praktisch keine Schallenergie zum Schallkopf zurück.*

Der Objekt-Reflexionsfaktor K_{Objekt} ist definiert durch:

$$K_{Objekt} = \frac{p_2}{p_1} \qquad (6\text{-}1)$$

mit dem Schalldruck p_1 der auftreffenden Schallwelle und p_2, dem Schalldruck der reflektierten Schallwelle. Mit den Konventionen aus /din_5493/ wird der Objekt-Reflexionspegel

$$LK_{Objekt} = 10 \log_{10} (K_{Objekt}) \qquad (6\text{-}2)$$

eingeführt. K_{Objekt} erreicht bei einer schallharten, unendlich großen, ebenen Wand den Maximalwert 1, da der gesamte abgestrahlte Schall reflektiert wird. Kleinere Objekte reflektieren nur einen Teil der auftreffenden Schallwelle.

Die Messung des Objekt-Reflexionsfaktors wurde auf indirekte Weise durchgeführt, weil eine direkte Messung geringer Reflexionsgrade angesichts der hohen Dynamikspanne in den Meßwerten mit konventionellen Meßgeräten nicht möglich ist. In 1 m Abstand vor dem Schallkopf wurde als Referenz eine ebene Wand senkrecht zur akustischen Achse angeordnet. Ausgewertet wurde die maximale Spannung der Hüllkurve des Empfängerausgangssignals unter Einsatz rauscharmer, steuerbarer Verstärker, wie sie in Ultraschallsensoren selbst zum Einsatz kommen (Kap. 2, Abb. 2-5).

Andere Objekte wurden ebenfalls in 1 m Abstand angeordnet und deren maximale Hüllkurvenspannung bestimmt. Eine Vereinfachung im physikalischen Modell besteht bei dieser Methode in der Annahme, daß die reflektierte Welle dieselbe Form besitzt wie die auftreffende ebene Welle.

Bei einigen Objekttypen treten bei leichter Variation der Lage zum Schallkopf starke Schwankungen der Echointensität auf. Diese können bei glatten Flächen durch winkelabhängige Reflexion zum Empfänger hin oder in den freien Raum ausgelöst werden. Häufig treten auch Interferenzen an strukturierten Oberflächen auf, die zu Deformationen und sogar Auslöschung des ausgesendeten Burst führen. Hier ist die Verwendung der schmalbandigen Piezowandler von Nachteil, weil zum Erreichen einer zufriedenstellenden Schallintensität eine Sendedauer von 5...30 Pulsen verwendet werden muß.

Als Objekt-Reflexionspegel LK_{Objekt} wurde die Pegeldifferenz zwischen dem Spannungspegel der ebenen Wand und dem Spannungspegel des Objektes genommen, also

$$LK_{Objekt} = 10 \log_{10} (U_{ebene\ Wand}) - 10 \log_{10} (U_{Objekt}) \qquad (6\text{-}3)$$

Die untere Meßgrenze betrug dabei etwa 0,5 mVpp oder -30 dB. Die Winkelangaben in Abb. 6-6 beziehen sich auf den Winkel zwischen Sensorachse und Flächennormale.

Objekt (Abmessungen in [mm])	U_{Objekt} [mVpp]	K_{Objekt} [-]	LK_{Objekt} [dB]	Kommentar
unendliche Wand, 0°	18,6	1,00	0	
Holzplatte 970 x 700	15,7	0,84	-2	
Stange ϕ 20	1,6	0,09	-21	
Säule ϕ 110 ϕ 40	3,4 2,3	0,18 0,12	-15 -18	Abdeckung am Boden
Papierkorb ϕ 250, h 270	2,4	0,13	-18	leicht konische Form
Mineralwasser-Flasche	1,35	0,07	-23	Inhalt 0,5 l
Cola-Glasflasche	0,85	0,05	-26	Inhalt 0,33 l
Klebebandrolle ϕ 105, h 50	1,85	0,10	-20	
Vierkant #35, r5 vertikal, 0° vertikal, 45°	 6,5 1,3	 0,35 0,07	 -9 -23	abgerundete Kanten
Vierkant #20, r1 vertikal, 0° vertikal, 45°	 4,2 0,65	 0,23 0,03	 -13 -30	scharfe Kanten
Schachtel 150x150x35 liegend, 0°	 5,3	 0,28	 -11	
Zündholzschachtel liegend, 0° stehend, 0°	 1,5 3,1	 0,08 0,17	 -22 -15	
2 Tischfüße vertikal, 0° vertikal, 20°	 7 1,3	 0,38 0,07	 -8 -23	
Bodenstufe 20 mm, 0°	4,2...5,2	0,23...0,28	-13...-11	
Kabel liegend, 0°	0,9	0,05	-26	
Person in Bewegung	2,5...12	0,13...0,65	-18...-4	

Abb. 6-6: *Reflexionseigenschaften ausgewählter Meßobjekte für 40kHz Ultraschall: Wenn nicht explizit andere Winkel angegeben sind, wurden alle Objekte exakt senkrecht stehend zur akustischen Achse ausgerichtet.*

6.2 Regelkatalog für achsensymmetrische Schallkanal-Konstruktionen

Die Fragen aus Kap. 4.5 werden durch experimentelle und simulationstechnische Untersuchungen zur Schallkopfkonstruktion in Annahmen und Regeln überführt. Dabei steht das Kriterium im Vordergrund, daß diese Annahmen zur praktischen Ausführung einer Schallkopfkonstruktion nützlich sind und von keinem Versuchsergebnis widerlegt werden. Aufgrund der großen Anzahl möglicher Variationen und Einflußgrößen wird die

Planung und Auswertung der Experimente dadurch geleitet, daß in der Wirkung starke Effekte identifiziert und ausgearbeitet werden.

Die Gliederung der Angaben zu den Komponenten ist mit identischen Abkürzungen versehen: W-A ist z.B. der Numerierungsindex für die wandlerspezifische Annahme, W-R derjenige für die wandlerspezifische Regel.

6.2.1 Ultraschall-Wandler (Piezobauform)

Annahmen und bekannte Theorien

W-A1: Die Frontfläche des verwendeten MASSA TR89 Wandlers führt eine Plattenschwingung aus, die durch die Eigenmoden des Festkörpers ausreichend genau modelliert werden. Die elektromechanischen Besonderheiten der verwendeten Piezokeramiken können durch Wahl geeigneter Werte für E-Modul, Poisson-Zahl und Dichte abgebildet werden.

W-A2: Zusätzlich zur Schwingungsauslenkung ist der Frequenzgang und das Einschwingverhalten zu berücksichtigen.

W-A3: Reale Wandler sind in der Sendeleistung begrenzt durch: Zerstörung der Keramik bei zu hoher Auslenkung; Depolarisierung durch thermische Überhitzung und Funkenüberschlag bei Überspannung.

Aufgrund der Ergebnisse aus Kap. 6.1.1, in dem die Schwingungsmoden und Eigenfrequenzen des verwendeten Piezowandlers untersucht wurden, können folgende Regeln abgeleitet werden.

Zusammenfassung der Konstruktionsregeln

W-R1: Die für das Schallfeld wesentliche Wandlereigenschaft ist die Schnellebelegung auf der Frontfläche.

W-R2: Diese Schnellebelegung ist bei Piezo-Verbundschwingern wesentlich durch die mechanische Konstruktion bestimmt; der Wandler schwingt im Eigenmode, der der Ansteuerfrequenz am nächsten liegt.

W-R3: Für den Wirkungsgrad und das dynamische Verhalten (Pulsform) ist die Abstimmung vom Wandler in der Druckkammer entscheidend. Eine gute Abstimmung hat einen starken Effekt auf die erreichbare Meßgenauigkeit und Störsicherheit des Sensors.

W-R4: Ein auf optimalen Wirkungsgrad abgestimmter Wandler in einer Druckkammer weist einen realen elektrischen Eingangswiderstand auf. Die Form des Sendesignals entspricht dem Signal bei freier Abstrahlung.

W-R5: Die Bauform des Wandlers kann je nach Einsatzbedingungen bei gleichwertigen akustischen Eigenschaften geschlossen oder offen gewählt werden.

6.2.2 Druckkammer

Annahmen und bekannte Theorien

DK-A1: Da die ausgewählten Piezowandler in die DK eingebaut werden sollen, sind Abmessungen und Form der DK größer als Wellenlänge. Damit handelt es sich nicht um eine echte Druckkammer (in allen Abmessungen < λ).

DK-A2: Es treten ausgeprägte Eigenmoden höherer Ordnung auf.

DK-A3: Die Schallintensität an der Blende ist stark abhängig von der DK-Tiefe und DK-Form.

DK-A4: Die optimale Resonanzabstimmung der DK-Tiefe ist abhängig von dem verwendeten Trichter. Die Abhängigkeit entspricht dem in der Akustik bekannten Effekt der Mündungskorrektur.

DK-A5: Die DK-Wirkung ist abhängig von der Wellenlänge, damit auch von Lufttemperatur und Ansteuerfrequenz. Die Stärke des Effekts ist abhängig von dem Zusammenwirken zwischen Blende und Trichter.

DK-A6: Das Resonanzverhalten wird z.T. durch eine Oberwelle der Helmholtz-Resonanz beeinflußt. Diese ist direkt vom Volumen, der Blendenfläche und der Mündungskorrektur abhängig.

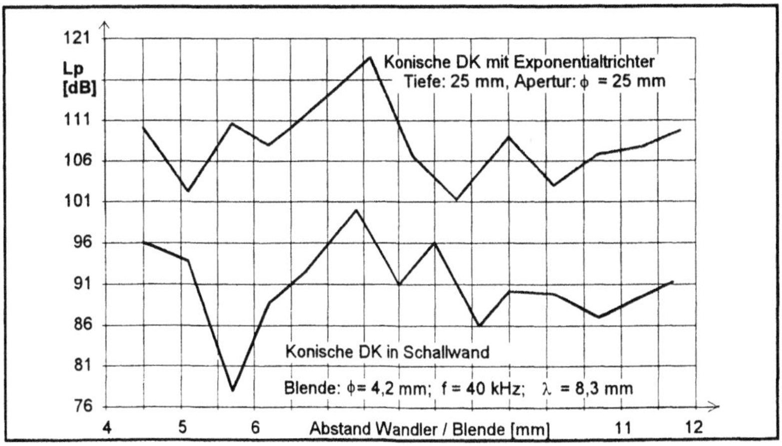

Abb. 6-7: Experimentelle Variation der Einbaulage des Wandlers in einer konisch/zylindrischen Druckkammer

Die Variation der Einbaulage des Wandlers in einer konisch/zylindrischen Druckkammer zeigt deutlich den Effekt mehrfacher Resonanzen. Mündet die Blende direkt in eine Schallwand, so ist der Abstrahl-Wirkungsgrad deutlich geringer als bei Verwendung eines Exponentialtrichters. Zudem wird die Resonanzspitze bzgl. der Einbaulage des Wandlers relativ zur Blende an der gegenüberliegenden Seite der Druckkammer von 7,6 mm auf 8,5 mm verschoben.

Die folgenden BEM-Simulationsergebnisse zeigen eine Innenansicht der Druckkammern für ausgewählte Tiefenlagen des Wandlers. Teilbild (a) entspricht der Optimum-Spitze der in Abb. 6-7 dokumentierten experimentellen Versuchsreihe.

Die konisch/zylindrischen Druckkammern (a) und (b) in Abb. 6-8 sind praktisch einfacher abzustimmen, zeigen aber bei zu großem zylindrischen Bereich Quermoden. Druckkammer (b) ist um 0,45 mm zu lang: Sie zeigt noch ähnliche Moden bei um 9 dB verringertem Wirkungsgrad. Die Druckkammern (a) und (c) sind auf Resonanz abgestimmt, (c) zeigt den Längsmode und Diagonalmoden.

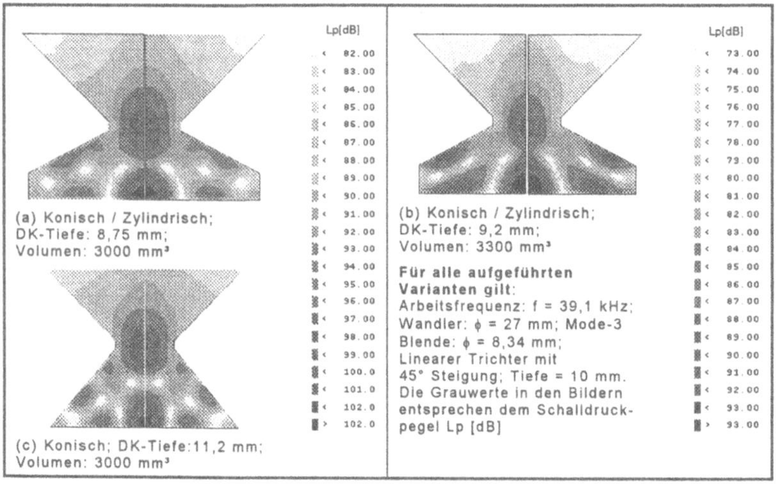

Abb. 6-8: *Simulationsuntersuchungen von Druckkammern. Die Form der DK-Wand und die DK-Tiefenabstimmung bestimmen wesentlich den Wirkungsgrad des gesamten Schallkanals.*

Zusammenfassung der Konstruktionsregeln

DK-R1: Die wichtigste Eigenschaft der DK ist der Abstand vom Wandler zur Blende. Der optimale Wert ist von der DK-Geometrie, der Wandlerschwingung, der Blende und dem Trichter abhängig. Es muß daher eine DK-Tiefenabstimmung als Feinabgleich erfolgen.

a) Die detaillierte DK-Tiefenabstimmung erfolgt am besten experimentell bei fertiggestellter Gesamtkonstruktion.

b) Die DK-Tiefenabstimmung beeinflußt Intensität und Pulsform in gleicher Weise, d.h. es gibt mehrere Tiefen, an denen beide Größen ein Maximum zeigen.

c) Die Einstellung mit minimalem DK-Volumen ist vorzuziehen, weil dann die geringsten Moden höherer Ordnung auftreten.

DK-R2: Der Schwingungszustand in der DK ist sehr komplex und daher nicht in allen Abhängigkeiten zu beschreiben. Akustische Modalanalysen zeigen mehrere, sehr unterschiedliche Moden im Bereich der verwendeten Frequenzen.

DK-R3: Die Abstimmung der DK im Verhältnis zur Wellenlänge muß im gesamten für den Sensor spezifizierten Temperaturbereich geprüft werden. Änderungen der Schallgeschwindigkeit können durch Anpassung der Arbeitsfrequenz innerhalb der Wandlerbandbreite ausgeglichen werden.

DK-R4: Durch die DK-Abstimmung sollte der Empfänger auf maximalen Wirkungsgrad und schnelles Einschwingen der Ausgangsspannung (hohe Bandbreite) optimiert werden. Die Empfänger-Druckkammer kann in der Praxis eine leicht vom Schallsender abweichende Abstimmung aufweisen.

DK-R5: Bei nach dem Wirkungsgrad optimierter DK-Abstimmung wird der Imaginärteil des elektrischen Empfänger-Innenwiderstands gleich Null.

DK-R6: Die Tiefenposition des Wandlers in der Druckkammer ist präzise einzustellen (mit 0,01 λ Genauigkeit).

6.2.3 Blende

Annahmen und bekannte Theorien

B-A1: Die Funktionseinheit "Blende" ist bestimmt durch:

- Querschnitt bzw. Durchmesser,
- Tiefe und
- Tangenten zur DK und zum Trichter.

B-A2: Die Blende wirkt wie ein akustischer Transformator auf die Luftschall-impedanz.

Die folgenden Simulationen zeigen den experimentell bestätigten Einfluß der Blenden-tiefe auf die Beschallung des Trichters. Aus fertigungstechnischen Gründen ist eine spitze Blende in Gußverfahren schlecht herstellbar.

Ein zylindrischer Blendenteil von bis zu 1 mm Tiefe (bei 40 kHz) hat keine merkbaren Auswirkungen auf die Richtcharakteristik. Die Resonanzabstimmung der DK wird leicht beeinflußt. Bei einer Blendentiefe von 4 mm ändert sich deutlich die Beschallung der Trichterwand und damit die Richtcharakteristik (Teilbild (a) in Abb. 6-9).

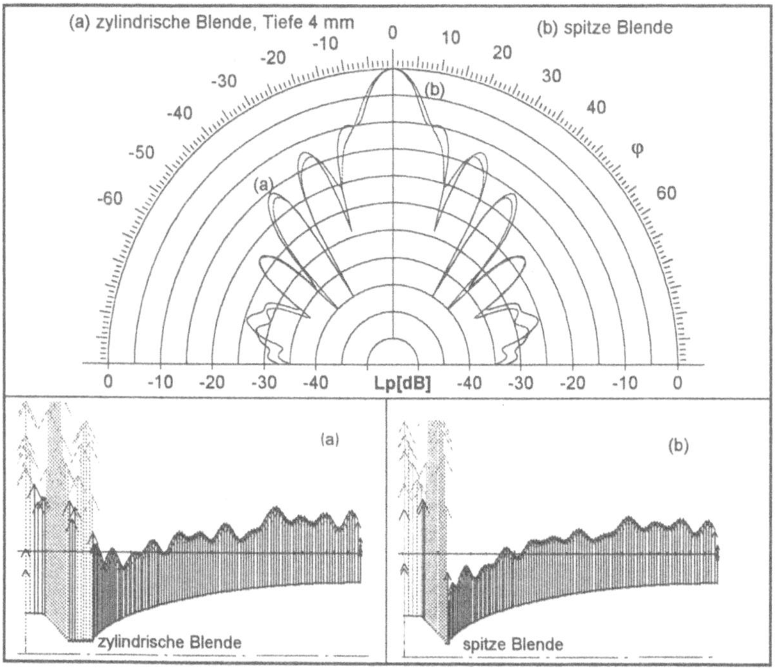

Abb. 6-9: *Untersuchungsergebnisse zur Wirkung der Blende in einem Schallkanal. Simulationen bei 40 kHz. Die hohen Potentialwerte in der Druckkammer sind grau dargestellt, die entlang der Trichterwand auftretenden Potentialhöhen sind schwarz ausgedruckt.*

Zusammenfassung der Konstruktionsregeln

B-R1: Der Blendenquerschnitt soll achsensymmetrisch sein. Abweichungen bis 0,1 λ sind unkritisch.

B-R2: Der Blendendurchmesser sollte kleiner λ sein. Bei 0,5 λ wird die Abstrahlung noch weitwinkliger, d.h. stark konkav gekrümmte Trichter werden intenisver beschallt, Weitwinkeleffekte sind besser erzielbar.

B-R4: Eine Verkleinerung des B-Durchmessers unter 0,5 λ verschlechtert stark den Wirkungsgrad ohne weitere Verbesserung der Abstrahlcharakteristik.

B-R5: Bei vielen Trichterformen ist der Blendendurchmesser als Anfangswert der Trichterfunktion bestimmend für die Trichtertiefe bei vorgegebener gewünschter Richtcharakteristik (vgl. Parabeltrichter, Kap. 4.3 und Kap. 6.2.4).

B-R6: Die Rundheit und der Durchmesser der Blende ist bei spitzer Form mit 0,1 λ zu tolerieren.

6.2.4 Trichter

Annahmen und bekannte Theorien

T-A1: Der Trichter wird durch den Trichter-Typ (Grundform) und entsprechende Trichter-Parameter beschrieben.

T-A2: Ellipsenformen, Parabeln und Exponentialformen sind geeignet für eine günstige Wellenausbreitung und damit für den Bau von Schallkanälen.

T-A3: Der blendennahe Trichterteil bewirkt eine Veränderung des abgestrahlten Schalls im Bereich der Hauptkeule.

T-A4: Der aperturnahe Trichterteil hat, wenn er nahezu senkrecht zur akustischen Achse verläuft, die Funktion einer "Führung" der Schallwellen. Hier wird die seitliche Abstrahlung abgeschirmt. Dies wirkt sich auf die Nebenkeulendämpfung aus.

T-A5: Die Blende wirkt als Beschallungsquelle für die Trichterwandungen. Ein großer Blendenquerschnitt bewirkt, daß nur die von der Blende entfernteren Trichterteile aktiv das Schallfeld verändern. Damit ist die Wirkung des Trichters auf die Richtcharakteristik des Gesamt-Schallkanals abhängig von der Beschallung durch die Blende. Die Umkehrung gilt auch für den Empfänger.

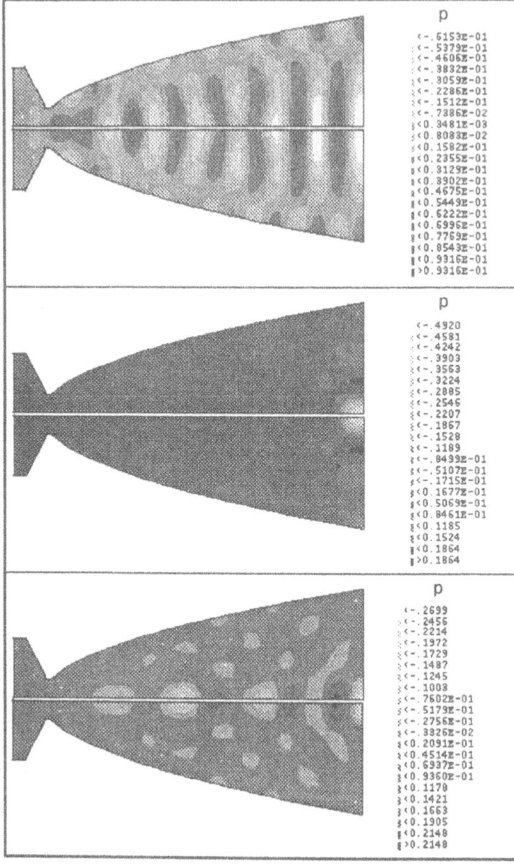

(a) Trichter-Längsmode (No.111) mit Eigenfrequenz f = 37,9 kHz

Längsmoden sind besonders ausgeprägt zwischen Orten entlang der Trichterachse, die rücklaufende Wellen hervorrufen, also zwischen dem Wandler und der Blende und zwischen der Blende und der Apertur.

(b) Trichter-Quermode in der Apertur (No.114) mit Eigenfrequenz f = 38,1 kHz

Quermoden treten verstärkt auf, wenn Grenzflächen parallel zur Trichterachse (Schallausbreitungsrichtung) liegen. Dies ist an der Apertur konkaver Trichter und in vielen Druckkammern der Fall.

(c) Trichter-Diagonalmode (No.110) mit Eigenfrequenz f = 36,9 kHz

Diagonalmoden sind in konkaven Trichtern deutlich zu beobachten, beeinflussen die Abstrahleigenschaften des Schallkanals aber im Vergleich zum Längsmode und Quermode weniger stark.

Abb. 6-10: *Mit der akustischen Finite-Element-Methode bestimmte Eigenmoden eines Schallkopfes mit Parabeltrichter. Für alle Teilergebnisse gelten: Wandler: ϕ = 27mm, Mode-3 | Blende: ϕ = 8,34mm | Apertur: ϕ = 50mm DK-Tiefe: t = 8,75mm | Trichtertiefe T = 73mm*

Die akustische Modalanalyse mit der Finite-Element-Methode ergibt für einen Schallkanal mit Parabeltrichter eine Vielzahl von Eigenfrequenzen und Eigenmoden. Um in den Bereich der Ultraschall-Anregungsfrequenzen zu gelangen, muß bis zu den Moden der Ordnung 120 gerechnet werden. Die Lage der Eigenfrequenzen verschiebt sich um ca. 2 kHz abhängig von der Diskretisierung des Netzes und der Abschlußbedingung an der Trichteröffnung. In den aufgeführten Beispielen wurde für die Apertur angesetzt, daß die akustische Impedanz sich nicht mehr stark gegenüber dem freien Schallfeld ändert, also $z = \rho \cdot c$. Die tatsächliche Anregung der Moden wird durch die FEM-Analyse nicht ausreichend wiedergegeben. Man kann aber davon ausgehen, daß die Modenbilder bei entsprechenden Geometrieverhältnissen in Bezug auf die Wellenlänge auftreten, die allerdings innerhalb des Schallkanals nicht exakt konstant bleibt. Damit sind die o.g. Ergebnisse eher für eine qualitative Auswertung geeignet.

Um eine gleichmäßige Schallabstrahlung mit einer einfachen, robusten Schallkanalkonstruktion zu erhalten, ist die Trichtergeometrie so auszulegen, daß Quermoden möglichst vermieden oder unterdrückt werden.

Längsmoden sind unvermeidlich und daher durch die Trichterparameter (insbesondere die Baulänge) auf Resonanz abzustimmen.

Die gemessene Richtcharakteristik des Schallkanals mit Parabeltrichter in Abb. 6-11 (a-M) zeigt bei -70° eine durch den Meßraum bedingte Nebenkeule, die Winkellagen der Nullstellen stimmen gut überein. Das simulierte Schalldruckpotential (a-S) ist entlang der Trichterwandung qualitativ in linearem Maßstab geplottet. Man erkennt deutlich die Interferenz der herauslaufenden mit der an der Apertur reflektierten Welle. Teilbild (c) zeigt die simulierte Schalldruckpegelverteilung im Schallkanal und bis ca. 5 cm vor der Apertur.

Der ebenfalls konkave Ellipsentrichter gehört im Gegensatz zum Parabeltrichter zu den "geschlossenen Systemen" (vgl. Kap. 4.4). Auch hier zeigt das simulierte Schalldruckpotential, Abb. 6-12 (b), die Interferenz der herauslaufenden mit der an der Apertur reflektierten Welle. Die gemessene Richtcharakteristik Abb. 6-12 (a) zeigt bei -70° eine durch den Meßraum bedingte Nebenkeule. Die Grauwertskala der simulierten Schalldruckpegelverteilung in Abb. 6-12 (c) entspricht der Skala in Abb. 6-11.

Die folgende Schallkanalvariante mit dem konvexem Exponentialtrichter ermöglicht im Vergleich einen Einblick in die unterschiedlichen Wellenformen, die sich in den Trichtern ausbilden.

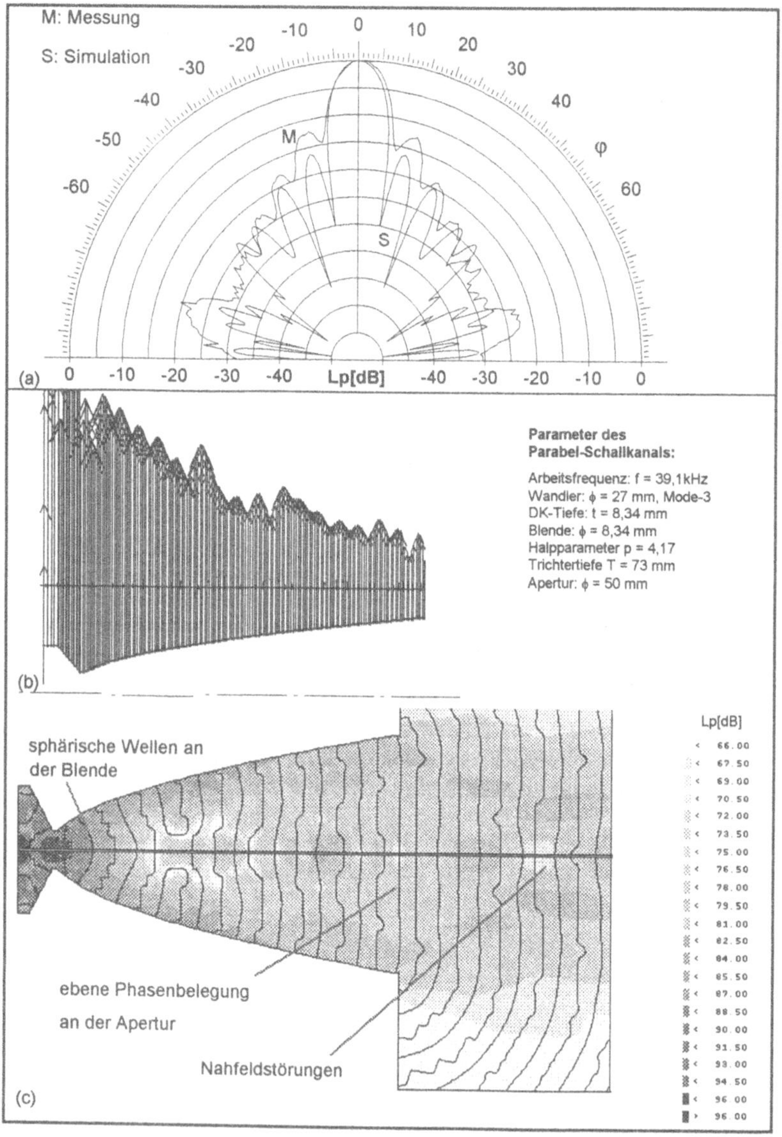

Abb. 6-11: *Simulations- und Meßergebnisse zur Schallausbreitung in einem Schallkanal mit Parabeltrichter*

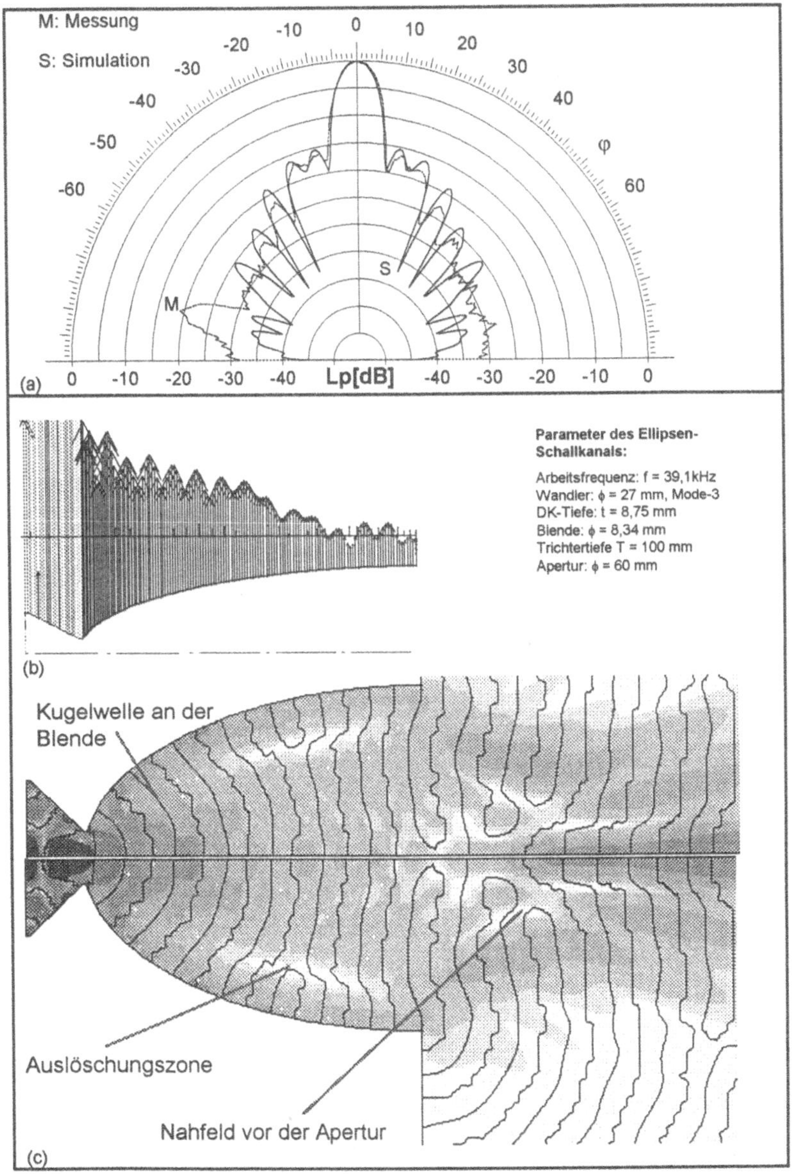

Abb. 6-12: *Simulationsergebnisse zur Schallausbreitung in Schallkanälen mit Ellipsentrichtern*

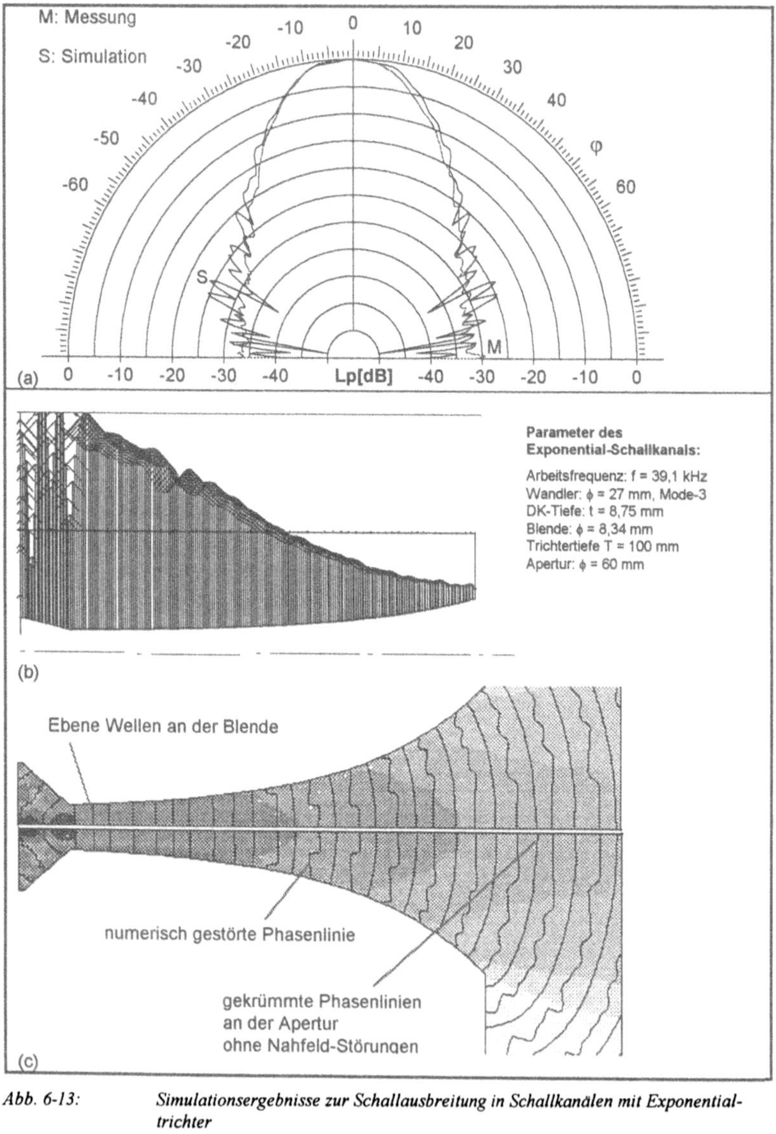

Abb. 6-13: *Simulationsergebnisse zur Schallausbreitung in Schallkanälen mit Exponentialtrichter*

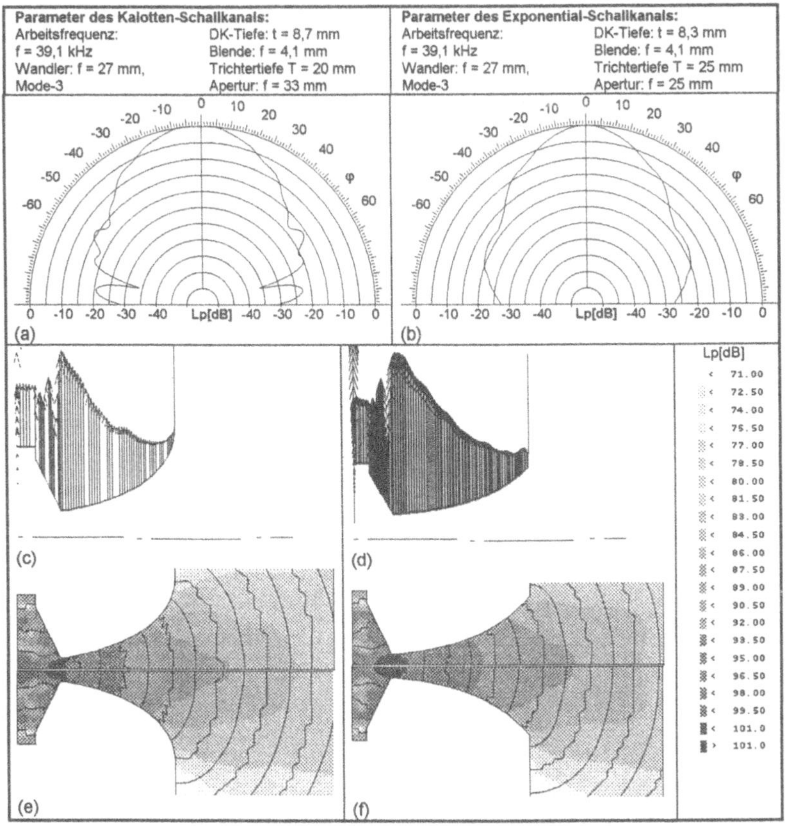

Abb. 6-14: *Simulationsergebnisse zur Schallausbreitung in Schallkanälen mit konvexen Schalltrichtern. Vergleich der Kalottenkonstruktion mit einem ähnlichen Exponentialtrichter.*

Die Richtcharakteristik in Abb. 6-13 (a) zeigt eine sehr gute Übereinstimmung zwischen Messung und Simulation. Das simulierte Schalldruckpotential, Abb. 6-13 (b), ist entlang der Trichterwandung qualitativ in linearem Maßstab geplottet und zeigt einen glatten,exponentiellen Verlauf, der gut mit der für Exponentialtrichter bekannten Theorie übereinstimmt. Man sieht, daß hier fast keine Interferenz der herauslaufenden mit der an der Apertur reflektierten Welle erfolgt. Die Grauwertskala der simulierten Schalldruckpegelverteilung Abb. 6-13 (c) entspricht Abb. 6-11. Das Nahfeld ist nicht durch Interferenzen gestört, so daß die Verwendung eines solchen konvexen Trichters auch Messungen im Nahbereich ermöglicht.

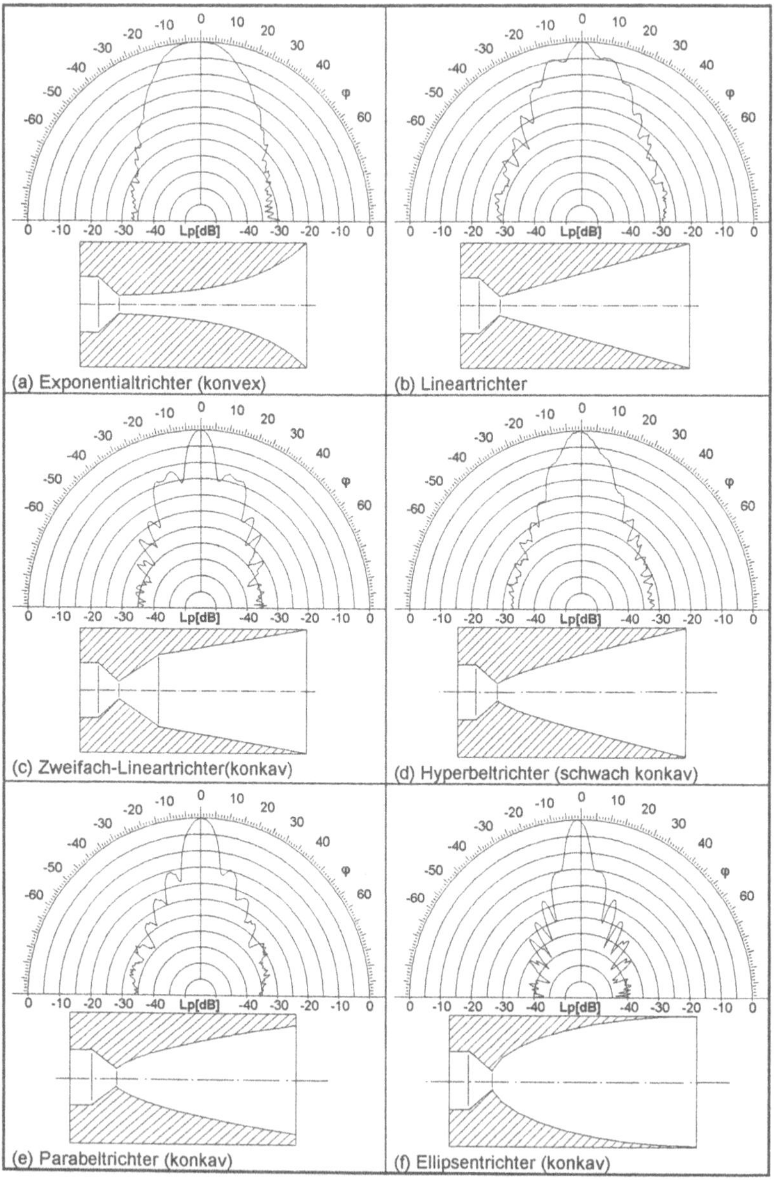

Abb. 6-15: ***Versuchsreihe zur Wirkung der Trichterform auf die Richtcharakteristik bei jeweils identischem TR89B40 Wandler, konischer Druckkammer und einer Arbeitsfrequenz von 40 kHz.***

In Abb. 6-14 sind die Simulationsergebnisse von zwei weiteren Schallkanälen mit konvexen Trichtern gegenübergestellt. Es handelt sich um Konstruktionen mit, im Vergleich zu dem in Abb. 6-13 gezeigten Schallkanal, kleinen geometrischen Abmessungen. Die Blenden sind auf ca. $\lambda/2$ verringert. Deutlich sind die entstehenden Wellenformen in den Teilbildern (e) und (f) zu erkennen (vgl. auch Kap. 4.4.2 und Abb. 4-9). Der Schallkanal mit Kalottentrichter zeigt ähnliche Eigenschaften wie der Exponentialtrichter bei kürzerer Gesamtbautiefe (die FPM sind in Abb. 6-13 im gleichen Maßstab ausgedruckt).

Die sechs Trichtervarianten in Abb. 6-15 wurden als Versuchsmuster aufgebaut und bei 40 kHz mit dem Piezowandler MASSA TR89 B40 vermessen. Alle Varianten haben identische konische Druckkammern, eine Blende mit ϕ = 8,3 mm, eine Trichtertiefe von 100 mm und einen Aperturdurchmesser von 60 mm. Der Einfluß des Trichtertyp ist auch bei anderen Längen und Aperturen mit ähnlichen Richtcharakteristiken bestätigt worden.

Zusammenfassung der Konstruktionsregeln

T-R1: Es können zwei Grundformen mit unterschiedlichem Verhalten abgeleitet werden, die konkave Form und die konvexe Form.

T-R2: Konkave Trichter zeigen ein reflektorähnliches Verhalten. Das Schalldruckfeld hat starke lokale Schwankungen. Ein Beispiel ist der Parabeltrichter. Zur Modellierung sind Verfahren der geometrischen Akustik und der erweiterten Wellenleitertheorie einsetzbar.

T-R3: Konvexe Trichter zeigen gleichmäßige Wellenfronten mit einem Übergang von der ebenen Welle in der Blende zur Kugelwelle im freien Luftschallfeld. Ein Beispiel ist der Exponentialtrichter.

T-R4: In konvexen Trichtern ist die Krümmung der Wellenfronten über die Trichtertiefe nicht konstant. Damit sind die Konstruktionsannahmen des Exponentialtrichters (ebene Wellen) und auch des Kallotentrichters (Kugelwellen mit konstantem Radius) nicht bestätigt worden.

T-R5: Die Wirkung der Trichtergeometrie steht in direktem Zusammenhang mit der Wellenlänge λ. Eine Änderung der Schallgeschwindigkeit (z.B. durch Variation der Lufttemperatur) kann durch Anpassung der Ansteuerfrequenz ausgeglichen werden.

T-R6: Die Prüfung der Trichtereigenschaften ist in Verbindung mit der Druckkammer und Blendenabstimmung durchzuführen.

T-R7: Ellipsentrichter sollten in der Apertur parallel zur akustischen Achse enden. Divergente Endsteigungen erhöhen die Nebenkeulen-Intensität. Konvergente Endsteigungen verringern den Wirkungsgrad.

T-R8: Parabeltrichter sollten bei gegebenen Blenden- und Aperturdurchmessern durch Wahl des Halbparameters p bestimmt werden. Die Tiefe ergibt sich damit aus Gl. 4-11.

6.2.5 Apertur

Annahmen und bekannte Theorien

A-A1: Betrachtet man den Schallkopf als Funktionseinheit mit einer schallabstrahlenden Frontfläche, dann hat die Austrittsöffnung des Schallkanals (Apertur) mit dem Schwingungszustand der Luft ausschlaggebende Wirkung auf die Abstrahleigenschaften des Schallkopfs.

A-A2: Weitere Einflußfaktoren resultieren aus der Gestaltung der die Apertur umgebenden Frontfläche und der Kante zwischen Fläche und Apertur.

A-A3: Von der Apertur zum freien Luftschallfeld treten keine weiteren konstruktiven Einflußgrößen auf.

A-A4: Schallköpfe mit gleicher Trichteraperturfläche und Trichter-Grundform haben weitgehend übereinstimmende Abstrahleigenschaften.

A-A5: Konkave Trichter weisen bei günstiger Längenabstimmung und Trichterparametern eine ebene Phasenbelegung in der Apertur auf.

A-A6: Konvexe Trichter zeigen eine nach außen gekrümmte Phasenbelegung in der Apertur.

A-A7: Die Nebenkeulendämpfung ist vom Schwingungszustand der Luft in der Apertur abhängig, der sich durch die Gestaltung von Druckkammer, Blende und Trichter ergibt.

Der Verlauf des Schalldrucks in der Luft vor der Apertur eines Exponentialkanals bei 39,1 kHz (s. Abb. 6-16) zeigt deutlich eine mittenbetonte Intensitätsverteilung und eine kalottenförmige Phasenbelegung. Diese Eigenschaften wurden bei allen konvexen Trichterkonstruktionen angetroffen. Der mittenbetonte Schwingungszustand resultiert in eine gute Nebenkeulendämpfung. Die einem gekrümmten Strahler entsprechende Phasenlage bewirkt eine Aufweitung des Öffnungswinkels und verhindert andererseits auch bei großen Aperturabmessungen eine scharfe Bündelung der Schallabstrahlung.

Vor der Trichteröffnung eines Parabelkanals bei 39,1 kHz ist der Schalldruck in der Luft näherungsweise konstant mit einem Maximum am Rand. Die Phase verläuft nahezu linear.

Die hier getroffenen Aussagen werden durch die Ergebnisse und Regeln bzgl. der Trichter in Kap. 6.2.4 bestätigt und ergänzt.

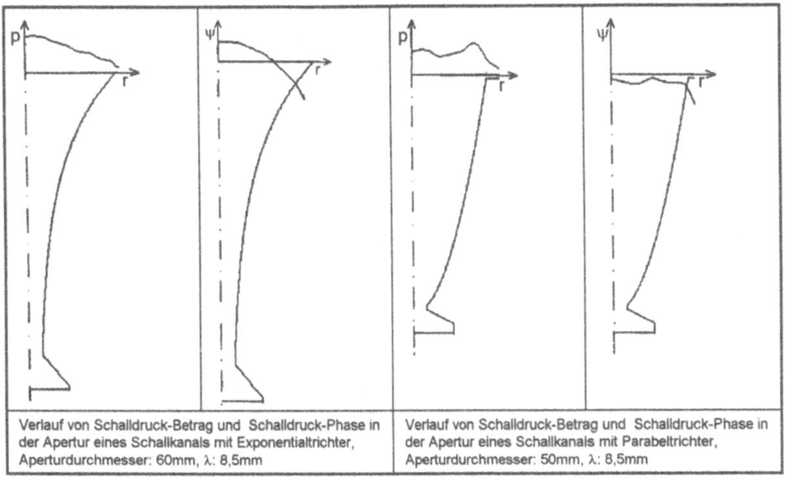

Abb. 6-16: *Simulierte Aperturbelegungen bei konkaven und konvexen Trichtertypen. Druck und Phase sind qualitativ in linearer Skalierung entlang dem Trichterradius in der Apertur aufgetragen.*

Zusammenfassung der Konstruktionsregeln

A-R1: Die Frontfläche um die Apertur eines konkaven Trichter sollte eine glatte, störungsfreie Fläche von ca. 1,5 λ aufweisen.

A-R2: Die störungsfreie Frontfläche um die Apertur eines konvexen Trichter sollte 2 bis 3 λ betragen.

A-R3: Die Wirkung eines konkaven Trichters bzgl. der zu erwartenden Richtcharakteristik kann dadurch abgeschätzt werden, daß er an der Apertur durch einen Kolbenstrahler (konstante Phase und gleiche Intensität) ersetzt wird.

A-R4: Ein konvexer Trichter bei gleicher Apertur wird vorteilhaft eingesetzt, wenn ein Schallkanal mit weitwinkliger Abstrahlung und guter Nebenkeulendämpfung aufgebaut werden soll. Er ist nicht gut gegeignet zur Erzielung stark gebündelter Abstrahlung. (s. Kap. 6.2.4)

A-R5: Im Aperturbereich sind Beugungsquellen zu vermeiden. Kanten und Rillen > 0,1 λ Tiefe können wirksam sein. Dies gilt insbesonders für konvexe Trichterformen mit divergentem Schallaustritt.

6.3 Nicht-achsensymmetrische Schallkanäle

Nicht-achsensymmetrische Schallkanalkonstruktionen wurden aus denselben Grundelementen, Druckkammer, Blende, Trichter und Apertur aufgebaut, wie die bereits beschriebenen achsensymmetrischen Schallkanäle. Im Rahmen der folgenden Ausführungen werden die Eigenschaften von Schallkanalelementen untersucht, die zum Aufbau eines Gruppenstrahlers verwendet werden können. Kap. 7 enthält ein Konstruktionsbeispiel eines Gruppenstrahler-Schallkopfes mit den erzielten Leistungseigenschaften unter Einsatz solcher Schallkanäle. Auch hier ist die Darstellung in Annahmen, Musterbeispiele und daraus resultierenden Regeln gegliedert.

Für die aufgeführten Untersuchungsergebnisse wurden Einzelkanal-Versuchsmuster hergestellt, die mit dem Piezowandler Nippon T40-12 (siehe Abb. 6-1) bestückt sind. Die Wandlerposition und ggf. weitere Parameter sind in den Musterbeispielen jeweils hinsichtlich einer möglichst symmetrischen Richtcharakteristik und optimalem Wirkungsgrad feinabgestimmt.

Die Grauwertskala zeigt den Schalldrucksprung entlang der schallharten Grenzfläche in linearem Maßstab. Diese vom üblichen logarithmischen Schalldruckpegel abweichende Darstellungsform ist durch die verfügbaren Rechenoptionen des Programmes SYSNOISE /nit_92/ begründet. Unter Beachtung der nicht-logarithmischen Skalenteilung kann der Grauwertverlauf in guter Näherung genauso interpretiert werden wie ein Schalldruck. Der Absolutwert ist durch die angesetzte Schnelle bestimmt. Die Drucksprungunterschiede entsprechen im Fernfeld weniger gut den real meßbaren Werten, wie aus dem Vergleich der gemessenen und simulierten Richtcharakteristik hervorgeht. Simulation und Messung der Schallabstrahlung erfolgten bei 40 kHz.

6.3.1 Wandler

Annahmen und bekannte Theorien

GSW-A1: Es sollen kommerzielle Piezowandler verwendet werden.

GSW-A2: Der Wandler hat einen Kreisquerschnitt mit einem Durchmesser von 1...1,2 λ.

Es wurde eine Reihe von Piezo-Wandlern bezüglich der Eignung zum Aufbau von Gruppenstrahlern untersucht, der in Abb. 6-1 näher beschriebene Nippon T40-12 weist das beste Verhältnis von Wirkungsgrad und Wandlerdurchmesser auf. Aufgrund der Angaben des Herstellers Nippon Ceramic wird angenommen, daß das schwingende

Element einem Kolbenstrahler gleichzusetzen ist. Es entspricht im rechten Teilbild der Abb. 6-1 der deutlich erkennbaren Konusmembran.

Kleinere, geschlossene Wandler-Bauformen vom Typ des in Abb. 6-1 links gezeigten Wandlers zeigen einen deutlich schlechteren Wirkungsgrad.

Zusammenfassung der Konstruktionsregeln

GSW-R1: Bei offenen Bauformen ist nur mit schwingenden Flächen $\geq 0{,}8 \cdot \lambda$ ein guter Wirkungsgrad der elektroakustischen Kopplung zu erzielen.

GSW-R2: Geschlossene Bauformen in Verbindung mit Schallkanälen sind nur zum Aufbau von Gruppenstrahlern geeignet, die eine geringe Reichweite aufweisen sollen.

GSW-R3: Das schwingende Element des Wandlers führt eine Kolbenschwingung aus. Die schwingende Fläche hat einen Durchmesser von 7,1 mm.

GSW-R4: Der Außendurchmesser des Wandlers beträgt damit 12,6 mm und entspricht dem Anfangsdurchmesser der zu konstruierenden Druckkammer.

6.3.2 Druckkammer

Aufgrund der in Kap. 3.3 und 4.4 angeführten Anforderungen muß die Druckkammer eines Schallkanals für einen Gruppenstrahler - im Vergleich zu den Angaben in Kap. 6.2.2 für achsensymmetrische Konstruktionen - zusätzliche Funktionen erfüllen: Wellentransformation und Umlenkung.

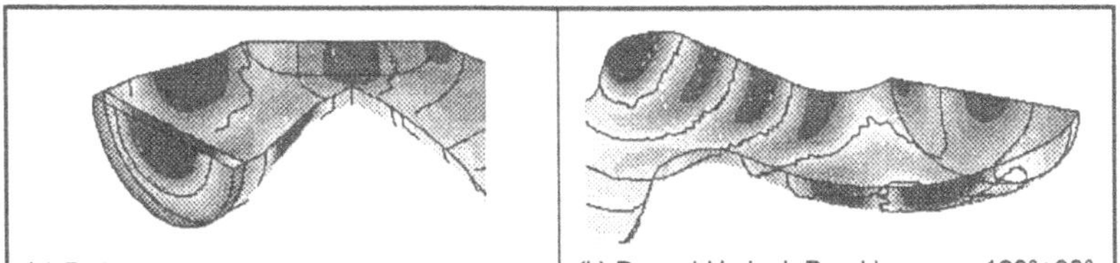

(a) Reflex-Druckkammer mit 45° Umlenkung in Blende und Trichter

(b) Doppel-Umlenk-Druckkammer: 120°+90° mit Interferenzauskopplung in Blende und Trichter

Abb. 6-17: *Schwingungszustand innerhalb der Druckkammer von Schallkanälen. Der Nippon T40-12 Wandler wurde als Kreiskolbenstrahler mit 40 kHz modelliert. Die Bilder zeigen den in der Mitte aufgeschnittenen Kanal, der Wandler ist also als Halbkreisscheibe wiedergegeben.*

Annahmen und bekannte Theorien

GSDK-A1: Der Querschnittsverlauf der Druckkammer und damit auch der Schallwellen entlang der Ausbreitungsrichtung (vom Wandler zum Trichter) ändert sich von einer achsensymmetrischen Form auf eine stark unsymmetrische Schlitzform. Diese Wellentransformationsfunktion wird absichtlich in diesem Bereich des Schallkanals durchgeführt, um im für die Richtcharakteristik relevanten Trichter ungestörte flache Wellen erzeugen zu können.

GSDK-A2: Im Anschluß an den Wellentransformator ist es wichtig, eine Auslaufstrecke mit konstantem Querschnitt vorzusehen, um dort erzeugte Störungen in der Schallausbreitung vom Trichterbereich fernzuhalten.

GSDK-A3: Da für die geforderte Gruppenstrahleranordnung der Wandler in 2 Reihen montiert wird, muß die Druckkammer zusätzlich die Funktion der Umlenkung der Schallausbreitungsrichtung erfüllen. Möglichkeiten zur Umlenkung ergeben sich durch Ausnutzung von stehenden Wellen (Interferenzen), Reflexionen oder Wellenleitungsmechanismen.

Bei den Versuchen (Abb. 6-18) wurde eine Druckkammer mit 90° Umlenkung aufgebaut. Alle Bereiche des Schallkanals mit Ausnahme des Wellentransformators weisen konstante Höhe von 5 mm auf. Als Trichter wurde in dieser Versuchsreihe jeweils ein Exponentialtrichter mit 5 mm Blendenbreite verwendet. In diesem Fall ergibt sich ein quadratischer Blendenquerschnitt. Die Resultate erlauben die folgende Auswertung:

(a) Der Wandler und die gegenüberliegende, verschiebbare und drehbare Fläche sind so angeordnet, daß unter Berücksichtigung der tiefenabhängig variablen Wellenlänge ein symmetrischer Schwingungszustand entsteht. Die resultierende gemessene Richtcharakteristik zeigt gute Symmetrie und die für Exponentialtrichter typische Nebenkeulenform. Diese Ausführung weist damit ein gutes akustisches Verhalten auf, verletzt aber die konstruktive Randbedingung der wechselweise spiegelsymmetrischen Anordnung der Einzelelemente, denn die Spiegelfäche darf nicht mehr als 6 mm von der Trichterachse entfernt liegen.

(b) Bei der hier gezeigten Schieberstellung und Anordnung des Wandlers berühren sich die nebeneinanderliegender Kanäle nicht. Die Richtcharakteristik ist allerdings durch leichte Störungen im Bereich der Nebenkeulen gekennzeichnet.

(c) Durch leichte Schrägstellung des Schiebers um - 10° kann eine Verbesserung der Symmetrieeigenschaften der Richtcharakteristik erzielt werden.

(d) Eine Drehung des Schiebers um + 45° führt zu einer Reflektorbauform der Druckkammer, die optimale Eigenschaften bzgl. der Richtcharakteristik und dem Wirkungsgrad zeigt.

Eine weitere Konstruktionsvariante unter Einsatz einer Doppelumlenkung der Schallausbreitungsrichtung ist in Abb. 6-17 (b) bzgl. des durch Simulation berechneten Schwingungszustands innerhalb der Druckkammer und in Abb. 6-19 bzgl. der experimentell erzielten Richtcharakteristik beschrieben. In diesem Fall wurde ein konkaver Trichter verwendet. Man erkennt deutlich, die sich in der Druckkammer ausbildenden stehenden Wellen mit in diesem Fall vier Interferenzmaxima, wobei das dritte Maximum vor der Blendenöffnung des Trichters liegt.

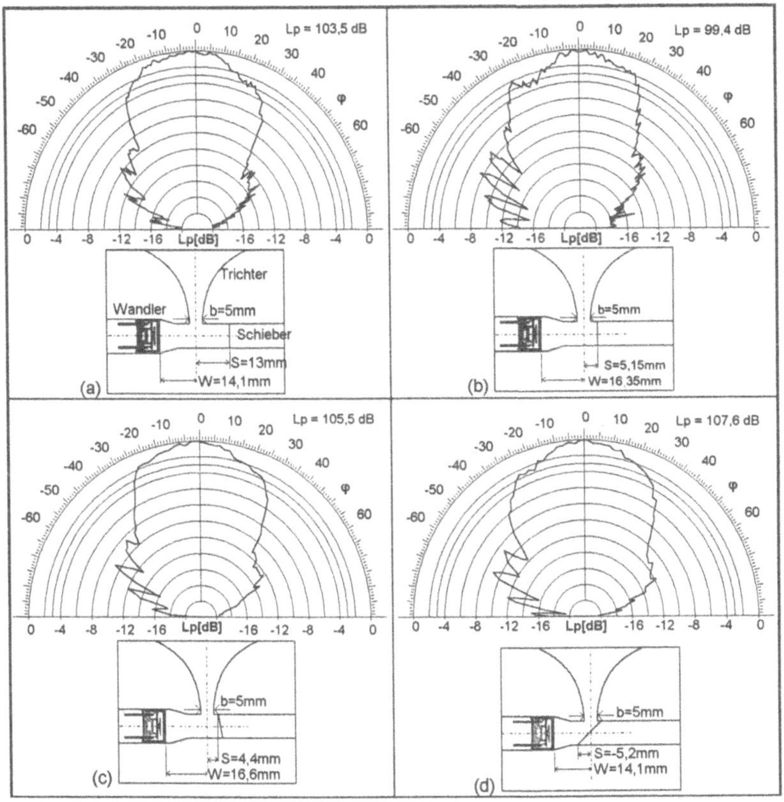

Abb. 6-18: Interferenz-Druckkammer mit seitlicher Auskopplung und konvexem Trichter

Die optimale Wandlerposition ist hier am Anschlag vorne an der Kanalwandung. Bei Herausziehen des Wandlers an die hinterste, noch stabile Position tritt eine Verdrehung des Hauptmaximums bei gleichzeitiger Verringerung der Nebenkeulendämpfung ein.

Zusammenfassung der Konstruktionsregeln

GSDK-R1: Die Gestaltung des Wellentransformators erfolgt optimal mit stetigem Übergang von der Kreisform des Wandlers zur Blendengeometrie.

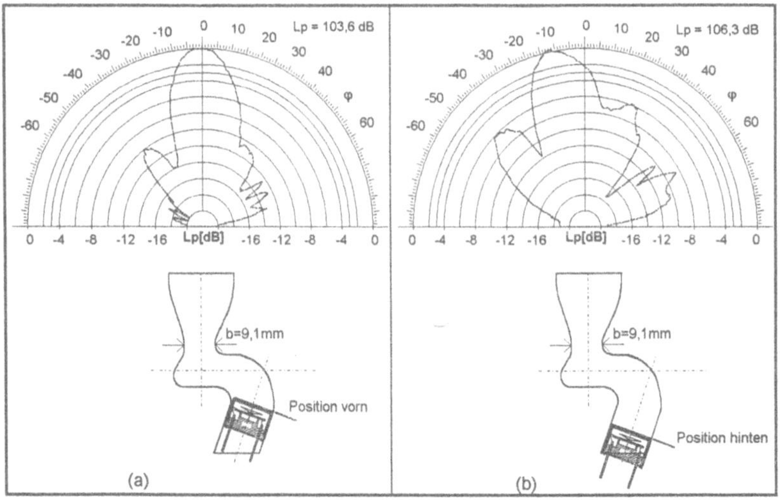

Abb. 6-19: *Meßergebnisse eines Schallkanals mit Doppel-Umlenkungs Druckkammer (120°+90°) und konkavem Trichter bei verschiedenen Wandlerpositionen (Resonanz-Tiefenabstimmung).*

GSDK-R2: Zylindrische Geometrien sind zu vermeiden, weil dort Quermoden die effektive Schallausbreitung stören.

GSDK-R3: Die Tiefe der Auslaufstrecke vom Ende des Wellentransformators bis zum Umlenkelement soll $\geq$ 0,25 λ_t betragen. (Die Trichterwellenlänge λ_t beträgt ca. 1,1 λ.) Die Summe der Tiefen von Wellentransformator und Auslaufstrecke soll mindestens λ_t betragen.

GSDK-R4: Druckkammer-Konstruktionen auf Basis der Wellenleitertheorie konnten nicht erfolgreich aufgebaut werden.

GSDK-R5: Druckkammer-Konstruktionen unter Ausnutzung stehender Wellen mit seitlicher Ankopplung an den Trichter sind möglich. Sie erfordern eine sorgfältige Abstimmung der Wandlerposition in Verbindung mit der Interferenz-Gegenfläche in Abstand und Winkellage. Es sind sowohl Bauformen mit Einfach- als auch mit Doppelumlenkung möglich.

GSDK-R6: Reflexdruckkammer-Konstruktionen erfordern keine spezifische Tiefenabstimmung der Wandlerlage und zeigen insbesondere in Verbindung mit Exponentialtrichtern sehr gute Eigenschaften bzgl. der Symmmetrie der Richtcharakteristik und dem Wirkungsgrad.

6.3.3 Blende

Annahmen und bekannte Theorien

GSB-A1: Die Blende ist auch bei nicht-achsensymmetrischen Kanälen als Konstruktionselement entsprechend den Annahmen in Kap 4.4.3 verwendbar.

GSB-A2: In Analogie zur Blendenauslegung bei achsensymmetrischen Schallkanälen ist die Diagonale des Blendenquerschnitts kleiner als die Wellenlänge zu dimensionieren.

GSB-A3: Bei nicht-achsensymmetrischen Schallkanälen mit Trichtern konstanter Höhe ist die Blende durch diese Trichterhöhe festgelegt. Die Blendenbreite ist zwischen $\lambda/2$ und λ konstruktiv wählbar.

Versuchsreihen mit einer Variation der Blendenbreite unter Verwendung einer Druckkammer mit 45° Umlenkung haben ergeben, daß für 40 kHz Arbeitsfrequenz bei 8 mm ein Optimum vorliegt. Bei größeren Blenden, also auch größeren Trichteranfangsquerschnitten koppelt die Trichterwelle derart ein, daß eine schlechtere Richtcharakteristik entsteht (Abb. 6-20).

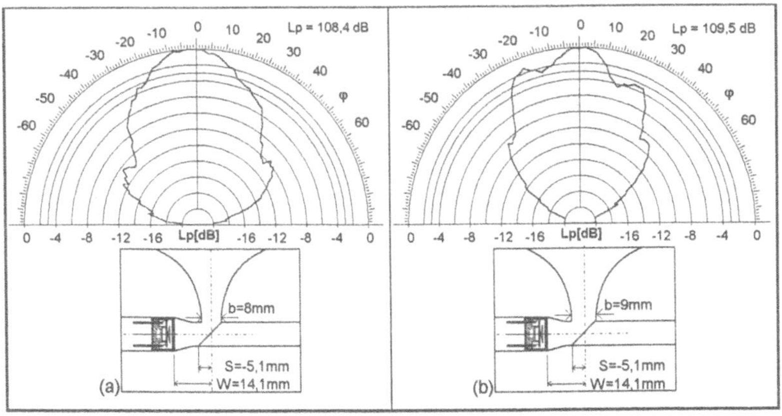

Abb. 6-20: *Versuchsergebnisse zur Wirkung der Blendenbreite auf die Richtcharakteristik bei jeweils identischem Nippon T40-12 Wandler, Druckkammer mit 45° Reflex-Umlenkung und einer Arbeitsfrequenz von 40 kHz.*

Die Schallwellenlänge ist in engen Kanälen etwas größer als im Freifeld, an den Phasenlinien der Simulationsergebnisse können ca. 9 mm abgelesen werden. Die Relationen zur Wellenlänge sind auf diesen Wert zu beziehen.

Zusammenfassung der Konstruktionsregeln

GSB-R1: Die Blende hat im einfachsten Fall einen rechteckigen Querschnitt.

GSB-R2: Eine Blendenhöhe von $0{,}6 \cdot \lambda$ (5 mm bei 50 kHz) hat experimentell gute Ergebnisse gebracht.

GSB-R3: Geringere Blendenhöhen, ab $0{,}5 \cdot \lambda$ verschlechtern deutlich den Wirkungsgrad des Schallkanals.

GSB-R4: Die optimale Blendenbreite ist abhängig von der Trichterform. Für einen Exponentialtrichter wurde sie mit $0{,}95\ \lambda$ (8 mm bei 40 kHz) bestimmt.

6.3.4 Trichter

Das Konstruktionselement Trichter ist auch bei den Schallkanalkonstruktionen zum Bau von Gruppenstrahlern durch die in Kap. 4.4.1 aufgeführten Kriterien bestimmt.

In diesem Element wird die an der Blende eintretende Schallwelle so geformt, daß an der Apertur der gewünschte Schwingungszustand entsteht.

Annahmen und bekannte Theorien

GST-A1: Die Geometrie des Gruppenstrahler-Schallkanals kann in den Hauptebenen getrennt analysiert und optimiert werden.

GST-A2: Der Schallkanal soll in 2 Ebenen möglichst symmetrisch abstrahlen (in der A-Ebene weitwinklig, in der B-Ebene fokussiert, vgl. Abb. 4-10).

GST-A3: Die Trichtergeometrie sollte in zwei Ebenen symmetrisch gestaltet werden, um eine möglichst ungestörte Wellenausbreitung zu erreichen.

GST-A4: Wird die Höhe des Trichters kleiner als $\lambda/2$ gewählt, so bilden sich keine Moden in dieser Richtung aus.

GST-A5: Die Trichtergeometrie wird mit GST-A4 allein durch den Verlauf der Trichterbreite über der Trichtertiefenkoordinate beschrieben.

GST-A6: Für die Wahl solcher Trichtergeometrien gelten Zylinderkoordinatensysteme entsprechend Abb. 4-6 (b) und (c).

Die Simulationsergebnisse in Abb. 6-21 und Abb. 6-22 zeigen Gruppenstrahler-Schallkanäle als aufgeschnittene Halbschalen. Es wurde jeweils der gesamte Schallkanal einschließlich Druckkammer und Apertur/Frontfläche modelliert. Die Entkopplung der Schallwelle an der Blende in den Trichter beeinflußt sehr stark die Ausbildung der Trichterwelle. Bei gleichem Trichter ist sie in Abb. 6-21 (a) gestört, was deutlich an den Phasenlinien zu erkennen ist.

In Abb. 6-21 (b) ist hingegen ein für konkave Trichter typischer Phasenverlauf (vgl. z.B. Parabeltrichter) und erwartungsgemäß das Auftreten von Quermoden zu beobachten.

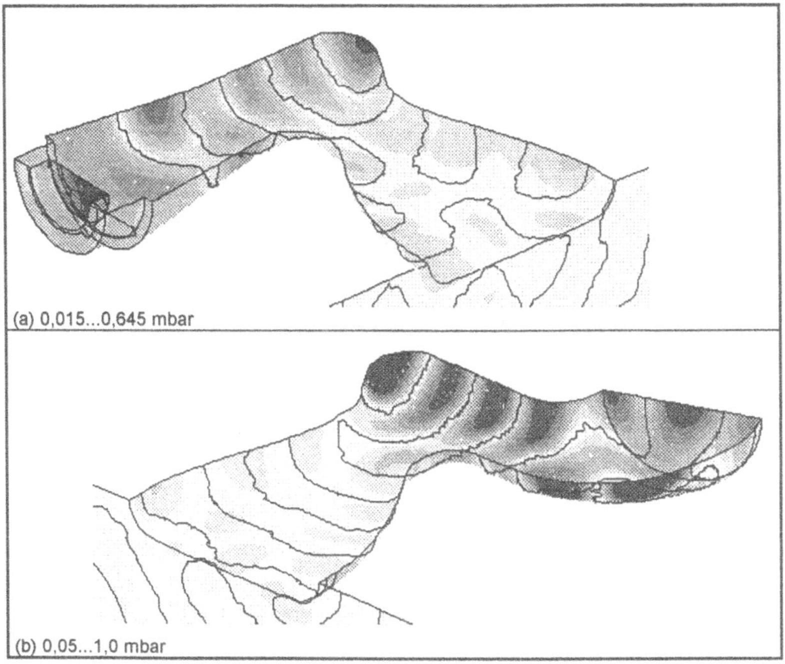

Abb. 6-21: *Simulierte Schallausbreitung in flachen Trichtern konkaver Bauform. Die Trichterhöhe beträgt bei allen Varianten konstant 5 mm, die Arbeitsfrequenz 40 kHz. Die Grauwertskalen entsprechen einer linearen Teilung mit den jeweils angegebenen Minimal- und Maximalwerten.*

Die konvexen Trichter in Abb. 6-22 sind beide mit guter Einkopplung an der Blende konstruiert. Die Trichterwellen bilden die für Exponentialtrichter typische Form aus. Bedingt durch die kleine schallabstrahlende Öffnung sind Interferenzerscheinungen in der Druckbelegung (Grauwerte) und den Phasenlinien zu erkennen.

Zusammenfassung der Konstruktionsregeln

GST-R1: Die Trichterhöhe sollte konstant gehalten werden. Eine Höhe von 5 mm bei 40 kHz hat gute Ergebnisse erbracht.

GST-R2: Die Trichtergeometrie sollte in zwei Mittelebenen symmetrisch sein. Die Kontur in der xy-Ebene ist damit durch die Trichterbreite beschreibbar.

GST-R3: Mittels Substitution des Trichterradius durch die Trichterbreite können die Formeln aus Kap. 4.4.2 verwendet werden.

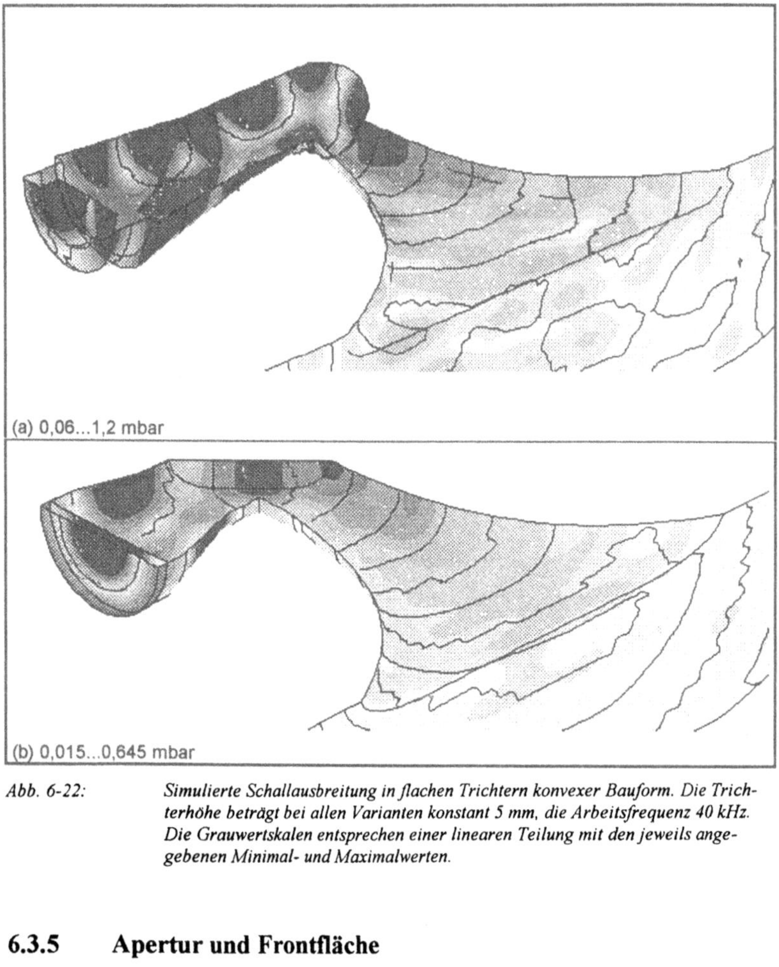

Abb. 6-22: *Simulierte Schallausbreitung in flachen Trichtern konvexer Bauform. Die Trichterhöhe beträgt bei allen Varianten konstant 5 mm, die Arbeitsfrequenz 40 kHz. Die Grauwertskalen entsprechen einer linearen Teilung mit den jeweils angegebenen Minimal- und Maximalwerten.*

6.3.5 Apertur und Frontfläche

Annahmen und Konstruktionsregeln

GSA-A1: Die Apertur eines Gruppenstrahler-Schallkanals entscheidet über die Anordnungsmöglichkeiten der Gruppe. Der Elementabstand in der Gruppenebene muß $< 0{,}7 \cdot \lambda$ betragen.

GSA-A2: Die Aperturfläche bestimmt die Abstrahlimpedanz und damit den Wirkungsgrad der Schallabstrahlung des Einzelkanals. Je größer die Aperturfläche ist, desto besser ist die Ankopplung des Schallkanals an die Luft.

GSA-A3: Der Impedanzsprung an der Apertur ist im Vergleich zu achsensymmetrischen Konstruktionen sehr groß. Viel Schallenergie wird in den Kanal zurückreflektiert (vgl. Kap. 4.4.3).

Wie die im Kap. 6.3.4 enthaltenen Simulationsbilder zeigen, ist der Schwingungszustand der Luft in der schlitzförmigen Apertur eines Gruppenstrahler-Schallkanals in der Breite durch ähnliche Formen geprägt, wie es bei den achsensymmetrischen Beispielen in Kap. 6.2.5 der Fall war.

Die Apertur gut abgestimmter konkaver Trichter weist eine ebene Phasenbelegung und Quermoden auf (s. Abb. 6-21 (b)), Damit resultiert eine fokussierende Richtcharakteristik (s. Abb. 6-19 (a)).

Die Apertur konvexer Trichter zeigt eine kalottenförmig gewölbte Phasenbelegung. Die Richtcharakteristik ist dementsprechend auch bei größeren Abmessungen noch weitwinkliger (vgl. Abb. 6-18 (a), Apertur 40 mm und Abb. 6-19 (a) mit einer Apertur von 20 mm bei $\lambda = 8{,}5$ mm).

Um die Impedanzverhältnisse korrekt wiederzugeben, wäre eine unendlich große Frontfläche ideal. Weil eine solche Rechenoption bei dem verwendeten Programm (Baffled) nicht zur Verfügung stand, mußte die Frontfläche im Boundary Mesh modelliert werden.

Die Größe dieser Fläche und die mögliche Anzahl der Knotenpunkte ist durch die verfügbare Rechenleistung begrenzt. Um die Impedanzverhältnisse ausreichend korrekt darzustellen, wird eine Frontflächenabmessung von ca. 2 λ um die Apertur herum angesetzt.

Die Diskretisierung dieser Fläche wird so grob gewählt, daß die Rückwirkung in den Schallkanal hinein korrekt simuliert wird. Die Rechenergebnisse auf der Frontfläche selbst sind aus numerischen Gründen nicht verwendbar. Daher wurde sie zwecks Vergrößerung der Darstellung des Schallkanals abgeschnitten.

Zusammenfassung der Konstruktionsregeln

GSA-R1: Die Apertur eines Gruppenstrahler-Schallkanals ist in der Höhe analog zum Trichter auf $h \leq 0{,}6\ \lambda$ zu begrenzen. Damit wird sichergestellt, daß in dieser Richtung konstante Schwingungsformen vorherrschen.

GSA-R2: Die Aperturbreite beeinflußt zusammen mit der Trichterform (s. GST-Regeln) die Richtcharakteristik. Es gelten dieselben Gesetzmäßigkeiten wie bei achsensymmetrischen Konstruktionen unter Berücksichtigung der Flächenverhältnisse (s. Kap. 3.3)

GSA-R3: Die an die Apertur angrenzende Frontfläche des Schallkopfes hat einen Einfluß auf das Abstrahlverhalten.

6.4 Übersicht der erfaßten Effekte

Die folgende Tabelle zeigt die Konstruktionselemente, bei denen ein wesentlicher Einfluß auf ein anderes Konstruktionselement und / oder ein direkter Einfluß auf eine Zielgröße festgestellt wurde. Die Zielgrößen sind die Richtcharakteristik, der Wirkungsgrad sowie die Sende- und Empfangssignalform, deren Anforderungen in Kap. 3 abgeleitet wurden.

Die Tabelle in Abb. 6-23 zeigt eine Übersicht der bei Konstruktionsvarianten beobachteten Wirkungen. Erfahrungsgemäß ist die Identifikation von konstruktiven Details, die einen starken Effekt auf die Auslegung anderer Konstruktionelemente (Spalten A bis J) oder direkt auf Eigenschaften des Schallkopfes (Spalten K bis S) von besonderem Interesse.

Bei gegebener Grundkonstruktion des Schallkopfes wird unter Variation eines der Parameter (Zeile 1 bis 22) um je ca. 5% bewertet, ob Komponenten des Schallkanals konstruktiv verändert werden müssen um die Anwenderfunktion beizubehalten, bzw. wieweit bei Nachjustage der Komponenten noch eine Veränderung in den Funktionseigenschaften des Schallkopfes festzustellen ist.

Für den Einfluß von Herstelltoleranzen wird von einer Fertigungsgenauigkeit für Kunststoffgußteile von ca. 0,5 mm ausgegangen.

Entsprechend der Wirkung der Effekte erfolgt folgende quantitative Zuordnung der Bewertungsgrößen: Änderungen des Schalldruckpegels oder Empfangspegels von 1 bis 6 dB werden als schwach eingestuft, Änderungen über 6 dB als stark. Bei der Nebenkeulendämpfung werden Änderungen von 1 bis 3 dB als schwach eingestuft, Änderungen über 3 dB als stark.

Anmerkungen zu Abb. 6-23:

---

[1] Die Bewertung erfolgt für verschiedene Wandler, die mit der selben Frequenz betrieben werden.

[2] Die Blendenfläche entspricht dem Querschnitt am Trichteranfang.

[3] Die Aperturfläche entspricht dem Querschnitt am Trichterende.

⊗: Starker Zusammenhang
O: Indirekter, Schwacher Zusammenhang
L: Logische, triviale Verbindung
–: vernachlässigbarer Einfluß

			Schalltrichter, konstruktive Einflüsse zwischen den Komponenten									Anwenderfunktion: Entfernungsmessung, Objektdetekti[redacted]								
			Druckkammer			Blende		Trichter		Apertur		Signal, akustisch			Richtcharakteristik			Empfänger spezifisch		
		US-Wandler	DK-Tiefe	DK-Volumen	DK-Resonanz	Durchmesser	Steigung	Geometrie	Länge	Form/Symmetrie	Kante/Steigung	Burstform	Intensität	Arbeitsfrequenz	Hauptkeule	NK-Dämpfung	NK-Gradient	Burstform	Intensität	Übersprechdämpfung
		A	B	C	D	E	F	G	H	I	J	K	L	M	N	O	P	Q	R	S
1.	US-Wandler, Schwingung	\	⊗	⊗	⊗	–	–	–	–	–	–	⊗	⊗	\[1]	–	–	–	⊗	⊗	–
	Druckkammer																			
2.	DK-Geometrie	–	L	L	⊗	–	–	–	–	–	–	⊗	⊗		–	O	–	⊗	⊗	–
3.	Wandlerbefestigung	O	–	–	–	–	–	–	–	–	–	O	O		–	–	–	O	O	–
	Blende																			
4.	Durchmesser	–	–	–	O	\	–	L[2]	–	–	–	–	O		O	O	–	–	O	–
5.	Winkel Blende/Druckkammer	–	⊗	⊗	⊗	–	–	–	–	–	–	–	O	–	–	–	–	–	O	–
6.	Winkel Blende/Trichter						\													
	Konvexer Trichter	–	–	–	–	–	\	L	–	–	–	–	–	–	O	–	–	–	–	–
	Konkaver Trichter	–	–	–	–	–	\	L	–	–	–	–	–	–	–	O	–	–	–	–
	Trichter																			
7.	Trichterform																			
	Konvexer Trichter	–	–	–	–	–	–	\				–	–	–	–	⊗	–	–	–	–
	Konkaver Trichter	–	–	–	–	–	–	\				–	–	–	O		O	–	–	O
8.	Kanalachse: gerade, geknickt							\					⊗		⊗				⊗	
9.	Trichtertiefe		–	–	–	–	–	L	\	–	L	–	O		O	O	O	–	O	O
	Apertur																			
10.	Geometrie der Frontfläche	–	–	–	–	–	–	L[3]	–	\	–	–	–	–	⊗	–	–	–	–	–
	Schutzgitter etc.	–	–	–	–	–	–	–	–	–	–	O	O	–	–	O	O	O	O	O
11.	Kante / Steigung																			
	Konvexer Trichter	–	–	–	–	–	–	–	–	–	\	–	O	–	⊗		O	–	O	O
	Konkaver Trichter	–	–	–	–	–	–	–	–	–	\	–	–	–	–	O	O	–	–	O
	Elektrisches Signal, Sender																			
12.	Form, Pulszahl	–	–	–	–	–	–	–	–	–	–	L	⊗	–	–	O	O	L	⊗	⊗
13.	Intensität, Ansteuerspannung	–	–	–	–	–	–	–	–	–	–	O	⊗	–	–	O	O	O	⊗	⊗
14.	Arbeitsfrequenz	–	O	O	O	–	–	–	–	–	–	⊗	O	L	–	O	–	⊗	O	–
	Empfängerspezifisch																			
15.	Eingangsfilter Pulsauswertung	–																⊗	⊗	⊗
	Herstellungstoleranzen																			
16.	Druckkammer	–	\	\	O							–	O	–	–	–	–	–	O	–
17.	Blende	–			–	\	\					–	–	–	–	O	–	–	–	–
18.	Trichter	–			–			\	\			–	–	–	–	O		–	–	–
19.	Apertur																			
	Konvexer Trichter	–			–					\	\	–	O	–	O		O	–	O	O
	Konkaver Trichter	–			–					\	\	–	–	–	–	–	–	–	–	–
	Umgebungsbedingungen																			
20.	Temperatur				O							–	–		O	–	–	–	–	–
21.	Feuchte				–							–	O		–	–	–	–	O	–
22.	Luftzusammensetzung				–							–	O		–	–	–	–	O	–
23.	Luftdruck				–							–	–		–	–	–	–	–	–
		A	B	C	D	E	F	G	H	I	J	K	L	M	N	O	P	Q	R	S

Abb. 6-23: *Einflußfaktoren zur Schallkopfkonstruktion*

7 Erprobung anhand von Fallbeispielen

Zum Nachweis der Leistungsfähigkeit des entwickelten Konstruktionsverfahrens wurde eine Anzahl von Schallköpfen entworfen und aufgebaut. Die folgenden vier Beispiele entsprechen den in Kap. 3 ausgewählten Standardschallköpfen. Die Randbedingungen für jede Schallkopfkonstruktion lauten:

- Die Schallköpfe sollen einfach zu fertigen sein.
- Der verwendete Ultraschallwandler soll preiswert zugekauft werden.
- Die Grundkonstruktion basiert auf der Schallkanal-Technologie.
- Sender und Empfänger sind getrennt auszuführen.

Für die Herstellung der drei Schallköpfe mit achsenymmetrischer Richtcharakteristik (F, W und N) wird ein Kunststoff-Gußverfahren verwendet. Im Rahmen der Voruntersuchungen hat sich gezeigt, daß die Materialwahl zwischen verschiedenen Kunststoffen und Aluminium praktisch keinen Einfluß auf die Eigenschaften des Schallkanals hat. Der Gruppenstrahler wurde durch spanende Bearbeitung in Scheiben hergestellt.

7.1 W-Schallkopf

Der W-Schallkopf soll in Anwendungen nutzbar sein, in denen eine großvolumige, räumliche Schallabstrahlung, also auch ein entsprechend großvolumiger Erfassungsbereich von Vorteil sind.

Kriterien	Meß-genauigkeit	Zuverlässigkeit der Objekt-detektion	Räumliche Seitenaus-blendung	Nahbereich	Maximale Meßentfernung
Meßtechnische Problembereiche	Zeitverlauf des Sende- und Empfangs-signals	Toleranzen im Wirkungsgrad; Gleichmäßigkeit der Schallkeule	Richtcharak-teristik: Nebenkeulen-dämpfung und Schallkeulen-gradient	Nahfeldlänge Vermeiden des Übersprechens vom Sender direkt in den Empfänger	Wirkungsgrad Die Sendestärke ist durch Über-sprechstörungen begrenzt.
Anforderungen	mittel, unkritisch	hoch	hoch	möglichst ab Frontfläche	2...4 m
Lösung und Kommentar		Hauptkeule mit $\beta = 90°$	Ideal ist eine Glockenform der Hauptkeule ohne wirksame Nebenkeulen	Im Bereich von 0...0.3 m ist eine Objektdetektion (ohne Entfer-nungsangabe) ausreichend.	Der Erfassungs-bereich des W-Sensors hat bei 4 m Abstand bereits einen Durchmesser von 8 m.

Abb. 7-1: Auslegungskriterien für den konstruierten W-Schallkopf

Daher sind nur Wandler mit niedriger Abstrahlfrequenz geeignet, denn der Schallkeulenöffnungswinkel ist in erster Näherung von den Abmessungen der schallabstrahlenden bzw. empfangenden Fläche im Verhältnis zur Wellenlänge abhängig. Die mit einer hohen Arbeitsfrequenz verbundenen kleinen Abmessungen erschweren den Energieübergang zwischen Wandler und Luftmedium.

Die Druckkammer leitet die Schallwellen auf einen Blendendurchmesser von $0{,}5 \cdot \lambda$. In diesem Bereich kann in sehr guter Näherung von einer punktförmigen Schallabstrahlung ausgegangen werden. Diese erfolgt mit einem guten Wirkungsgrad, wenn eine exponentielle Anpassung der akustischen Impedanz erfolgt und die optimale Tiefenposition des Wandlers in der Druckkammer eingestellt ist.

Für den Trichter wird also ein erweiterter Exponentialtrichter mit extrem geringer Bautiefe eingesetzt. In Verbindung mit der engen Blende ist eine gleichmäßige, weitwinklige Abstrahlung zu erwarten.

Die Gesamttiefe des W-Schallkopfes beträgt 41 mm. In der Seitenansicht in Abb. 7-2, rechts ist der Exponentialtrichterverlauf eingezeichnet. Der Wandler ist mit einer Sicke versehen und wird von hinten (in der Seitenansicht von rechts) in den Schallkanal eingesetzt. Die eingegossene Rille bewirkt eine formschlüssige, lösbare Verbindung. In der Frontalansicht ist die angespritzte Frontblende zur beugungsfreien Montage in einer Schallwand oder einem geschlossenen Gehäuse zu sehen.

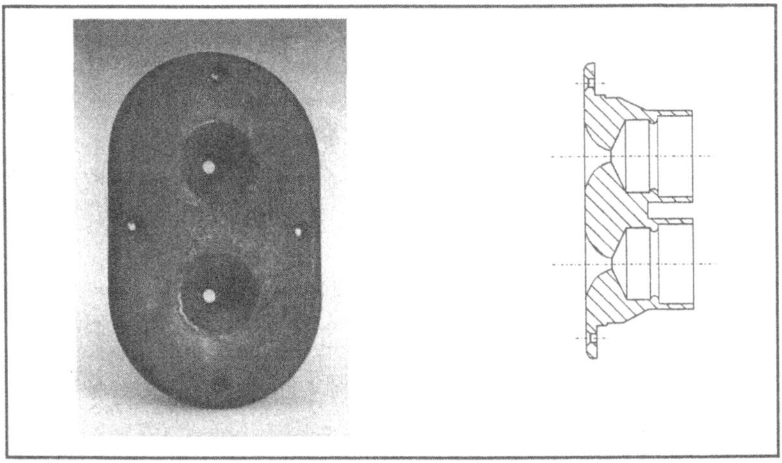

Abb. 7-2: Konstruktion des W-Schallkopfes

Die Richtcharakteristik in Abb. 7-3 zeigt eine weich gerundete Hauptkeule mit ca. 27° Öffnungswinkel. Zu den Seiten hin nimmt der Schalldruck fast stetig ab. Die schwachen

Nebenkeulen bei ± 50° sind leicht asymmetrisch. Die entfernungsabhängige Schalldruckverteilung zeigt bereits direkt vor der Apertur einen gleichmäßigen Verlauf.

In der Anwendung zum Kollisionsschutz für autonome Fahrzeuge /drunk_90/ hat sich dieser Sensortyp gut bewährt: Aufgrund des sehr guten Wirkungsgrades (Abb. 7-13) können alle Arten von Objekten mit nur einem Sensor sicher erkannt werden. Dabei kann die Überwachungsbreite typisch 1,5 m betragen.

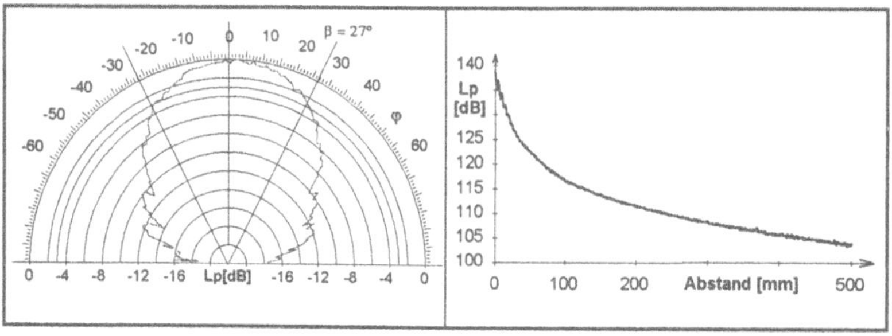

Abb. 7-3: Gemessene Richtcharakteristik und Linear-Charakteristik des W-Schallkopfes bei 39 kHz Arbeitsfrequenz

7.2 F-Schallkopf

Der F-Schallkopf soll in Anwendungen nutzbar sein, in denen eine hohe Reichweite ausschlaggebend ist. Mit der bekannten über die Frequenz stark steigenden Schalldämpfung in Luft wird daher eine Arbeitsfrequenz von 40 kHz angestrebt.

Eine zu starke Bündelung von mehr als 3° ist für den allgemeinen Einsatz deswegen nicht von Vorteil, weil dann Fehlmessungen durch ungenau in der Lage oder im Winkel positionierte Meßobjekte ausgelöst werden.

Für den Trichter sind nach Kap. 6.2.4 und 6.2.5 konkave Geometrien optimal. Eine gute Bündelung bei gleichzeitig hoher Nebenkeulendämpfung wird von den Geometrien Parabel oder Ellipse erreicht.

Kriterien	Meß-genauigkeit	Zuverlässigkeit in der Objekt-detektion	Räumliche Seiten-ausblendung	Nahbereich	Maximale Meßent-fernung
Meßtechnische Problembereiche	Zeitverlauf des Sende- und Empfangs-signals	Toleranzen im Wirkungsgrad	Richtcharak-terisik: Nebenkeulen und Schall-keulengradient	Nahfeldlänge Übersprechen Aussschwingen des Ultraschall-wandlers	Wirkungsgrad Arbeitsfrequenz
Anforderungen	hoch	unkritisch, bekannte Meß-objekte werden verwendet.	unkritisch	Muß: ab 0,3 m Wunsch: ab 0,1 m	Muß: bis 10 m Wunsch: bis 20 m
Lösung und Kommentar	Puls-optimierung	Hauptkeule mit β = 3°	NK-Dämpfung: 15 dB		

Abb. 7-4: Auslegungskriterien für den konstruierten F-Schallkopf

Abb. 7-5 zeigt die Konstruktion einer F-Schallkopf-Variante für 40 kHz unter Einsatz eines Parabeltrichters mit 50 mm Apertur. Die Gesamttiefe des Schallkopfes beträgt 100 mm. In der Skizze der Seitenansicht ist der Parabeltrichterverlauf eingezeichnet. In der Frontalansicht ist die angespritzte Frontblende zur beugungsfreien Montage in einer Schallwand oder einem geschlossenen Gehäuse zu sehen.

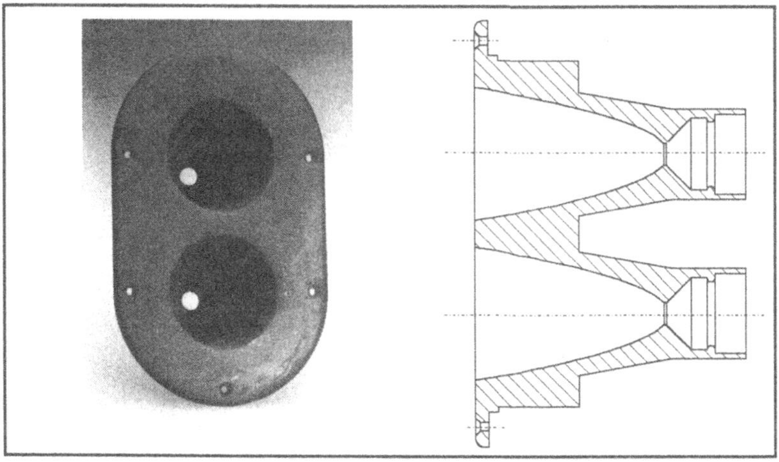

Abb. 7-5: Konstruktion eines F-Schallkopfes

Die Richtcharakteristik des F-Schallkopfes zeigt einen Öffnungswinkel von 4° und eine Nebenkeulendämpfung von 15,5 dB bei einem hohen Schalldruckpegel von 120 dB in 1 m Abstand.Die Linear-Charakteristik zeigt zusätzlich die Nahfeldlänge von 90 mm. Der für einen konkaven Trichter typische Schalldruckverlauf im Nahfeld ist auch in der Simulation in Abb. 6-12 zu erkennen.

Dieser Schallkopf hat sich im Einsatz zur Lagebestimmung von Fahrzeugen gut bewährt. Hierhei wird auf Wandflächen gemessen, die bis zu 15 m entfernt sein können. Durch den hohen Nennschalldruck (Abb. 7-10) konnte sowohl die hohe Reichweite als auch eine sehr gute Störsicherheit gegenüber Fremdschalleinflüssen erreicht werden.

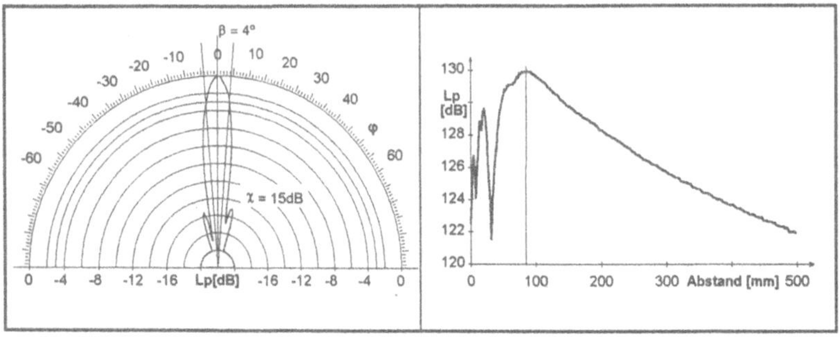

Abb. 7-6: *Meßergebnisse des F-Schallkopfes bei 39,1 kHz Arbeitsfrequenz. Der erreichte Nennschalldruck in 1m Abstand (160 Vpp, 8 Pulse je Burst) beträgt 120 dB.*

7.3 N-Schallkopf

In vielen Bereichen der Automatisierungstechnik sind Sensoren gesucht, die in Bereichen von 0 ... 1 m mit einer Auflösung von 0,1 % Entfernungen messen. Er sollte eine mittelbreite Hauptkeule mit $\beta = 20°$ aufweisen, damit Winkelfehler in der Meßposition nur geringen Einfluß zeigen. Das Schallfeld muß von der Apertur an gleichmäßig verlaufen. Die Laufstrecke des Schalls innerhalb des Schallkopfes ermöglicht ein Ausschwingen des Wandlers.

Kriterien	**Meß-genauigkeit**	**Zuverlässigkeit in der Objekt-detektion**	**Räumliche Seiten-ausblendung**	**Nahbereich**	**Maximale Meß-entfernung**
Meßtechnische Problembereiche	Zeitverlauf des Sende- und Empfangs-signals.	Toleranzen im Wirkungsgrad	Richtcharak-teristik: Neben-keulendämpfung und Schall-keulengradient	Nahfeld	Wirkungsgrad
Anforderungen	sehr hoch	hoch	unkritisch	ab Frontfläche	1 ... 2 m
Lösung und Kommentar	Die Echodetektion ist in der Präzision abhängig von der Empfangsamplitude				

Abb. 7-7: *Auslegungskriterien für den konstruierten N-Schallkopf*

Es wird ein konventioneller, schmalbandiger Piezowandler MASSA TR-89 verwendet. Der Wandler wird in der Oberschwingung angesteuert, die Arbeitsfrequenz beträgt

80 kHz. Damit ist die Reichweite begrenzt, was dem angestrebten Meßbereich entspricht und die Störsicherheit erhöht. Die Schwingungsformen der Wandleroberfläche sind in den höheren Moden allerdings derart, daß ein Wandlereinsatz ohne Schalltrichter nicht möglich ist (Abb. 6-4).

Die Druckkammer hat starken Einfluß auf das Schwingungsverhalten des Wandlers in Verbindung mit dem Schallkanal. Sie muß aufgrund des Wandlerbetriebes in der höheren Oberschwingung sorgfältig auf Resonanz ausgelegt und in der Fertigung feinabgeglichen werden. Diese Abstimmung beeinflußt sowohl die Meßgenauigkeit - über Pulsform und Intensität - als auch die Richtcharakteristik.

Für den Schalltrichter bieten sich aufgrund der Nahfeldforderungen konvexe Geometrien an, mit der Exponentialform wird ein "turbulenzfreies" Nahfeld direkt vor der Apertur erreicht. Außerdem ist die Richtcharakteristik nebenkeulenfrei und moderat gebündelt.

Abb. 7-8 zeigt die Konstruktion einer N-Kanal Variante für 80 kHz unter Einsatz eines erweiterten Exponentialtrichters mit 25 mm Apertur, 25 mm Trichtertiefe und 56 mm Gesamttiefe des Schallkopfes.

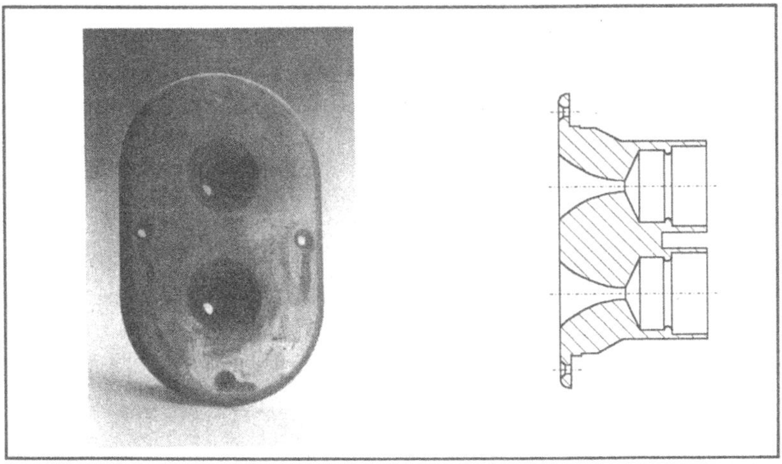

Abb. 7-8: Konstruktionsbeispiel eines N-Schallkopfes

Der N-Schallkopf zeigt eine ideale Richtcharakteristik mit einem ±15° breiten Nutzbereich der Haupkeule. Der Wirkungsgrad ist mit einem Sendeschalldruck von 95 dB in 1 m Entfernung sehr gut. Die Linear-Charakteristik zeigt ein gleichmäßiges Schallfeld ohne Störungen vor der Apertur.

Dieser Schallkopf wurde für die Abstandsmessung unter schwierigsten Umgebungsbedingungen, z.B. bei der Pkw-Höhenvermessung von der Fahrzeugunterseite, erfolgreich eingesetzt.

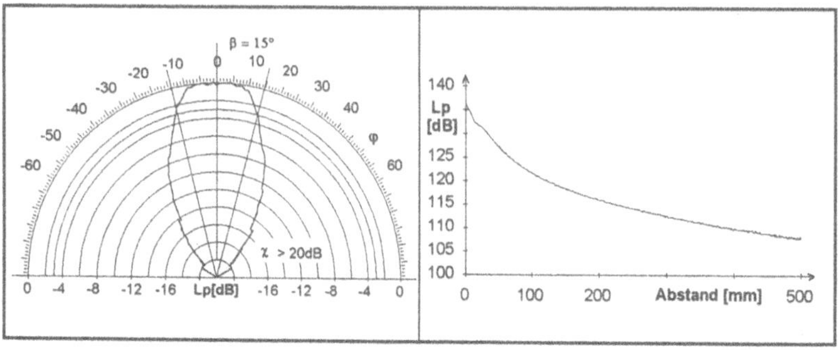

Abb. 7-9: *Gemessene Richtcharakteristik und Linear-Charakteristik des N-Schallkopfes bei 78 kHz Arbeitsfrequenz. Der erreichte Nennschalldruck in 1 m Abstand (160 Vpp, 8 Pulse je Burst) beträgt 95 dB.*

7.4 Gruppenstrahler - Schallkopf

Für die Ansteuerung des Gruppenstrahlers werden Verstärker verwendet, welche die Ausgangsspannung für jeden Kanal getrennt einstellen lassen. Damit können Aperturbelegungen gezielt eingestellt werden.

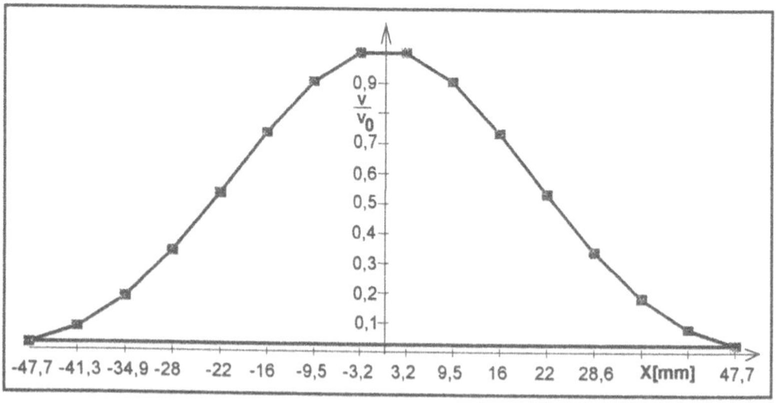

Abb. 7-10: ***Amplitudenverteilung der Gruppenstrahler-Sendeelemente nach Tschebycheff. Auslegung für 30 dB Nebenkeulendämpfung.***

Für das folgende Konstruktionsbeispiel wird eine Tschebycheffverteilung /salamon_76/ verwendet (Abb. 7-10), die in der Theorie eine Richtcharakteristik mit Nebenkeulen konstanter Stärke ergibt.

Andere Amplitudenbelegungen und Phasenansteuerungen sind denkbar und führen zu Richtcharakteristiken, die diesen Ansteuerungen entsprechen. Der Schallkopf ist damit universell einsetzbar.

Die Konstruktion des Gruppenstrahlers basiert auf dem Einsatz von 16 mehrfach gewundenen Schallkanälen mit schlitzförmigen Aperturen. Als Wandler wird je Schallkanal ein Nippon Ceramic T40-12 (Abb. 6-1) eingesetzt.

Für die Druckkammer wird ein stetiger Übergang von Kreisquerschnitt zur elliptischen Blendenfläche gewählt. Es erfolgt eine Mehrfachumlenkung der Schallausbreitungsrichtung. Der Trichter ist bei konstanter Höhe konkav geformt.

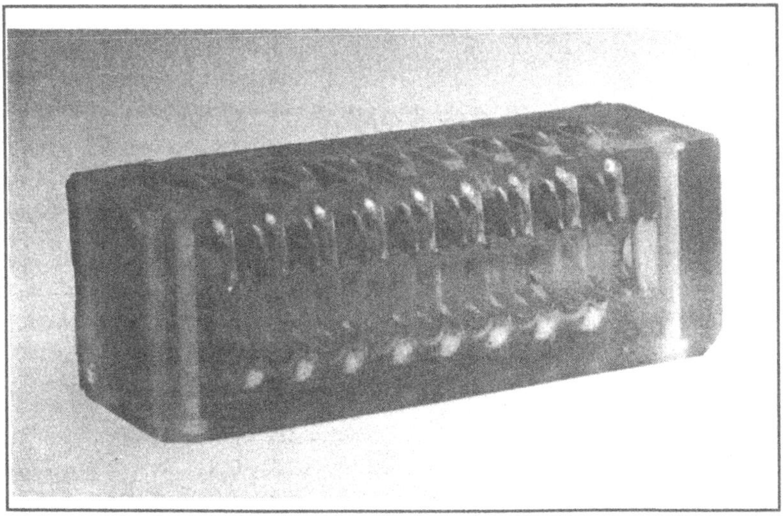

Abb. 7-11: Gruppenstrahler-Schallkopf mit einer 16elementigen Strahlerzeile und zwei seitlichen Empfängern

Die Ergebnisse in Abb. 7-12 lassen die folgenden Schlüsse zu:

(a) Die Richtcharakteristik in der Gruppenebene ist bei den verwendeten 16 aktiven Sendekanälen auf 2° gebündelt. Ein damit ausgestatteter Ultraschallsensor kann mehr als 10 m Reichweite erreichen.

(b) Die Richtcharakteristik in der Einzelebene ist bei einem Linien-Gruppenstrahler nicht durch die Ansteuerung beeinflußbar. Sie ergibt sich aus den Abstrahleigenschaften des Einzel-Schallkanals.

(c) Hier wurde die Schallabstrahlung defokussiert, indem durch zeitlich versetzte Ansteuerung der Gruppenelemente /gebhardt_82/ eine Kalotte mit 0,5 m Radius nachgebildet wurde. In der Gruppenebene kann durch diese Eigenschaft des phasengesteuerten Gruppenstrahlers der integrale Meßbereich des Ultraschallsensors je nach Meßaufgabe variiert werden.

(d) Hier wurde die Phasenansteuerung linear von einem Sendekanal zum nächsten verzögert (geschwenkt): In der Gruppenebene kann damit durch die elektrische Ansteuerung die Meßrichtung geschwenkt werden.

Die Ausblendung der erwartungsgemäß bei einem Elementabstand von 0,6 λ auftretenden Nebenkeule unter 90° kann z.B. durch Triangulation mit einem Empfängerpaar rechts und links von der Senderzeile erfolgen. Solche Doppelempfänger sind in den die Lage des Schallkopfes anzeigenden Pictogrammen in Abb. 7-12 durch die dunkler hinterlegten Seitenelemente gekennzeichnet.

Der Gruppenstrahlerschallkopf ist für solche Anwendungen eingesetzt worden, die eine hohe Nebenkeulendämpfung und sehr hohen Nennschalldruck erfordern. Dies ist z.B. für die Erfassung von Hindernissen in Tunneln notwendig.

In Verbindung mit einer zeitvariablen Phasenansteuerung konnte ein trägheitsloser Scanner aufgebaut werden. Dieser Sensor wird zur strategischen Navigation von Fahrzeugen in engen, unbekannten Umgebungen eingesetzt, z.B. bei einem Reinigungsfahrzeug in den Gängen eines Supermarktes.

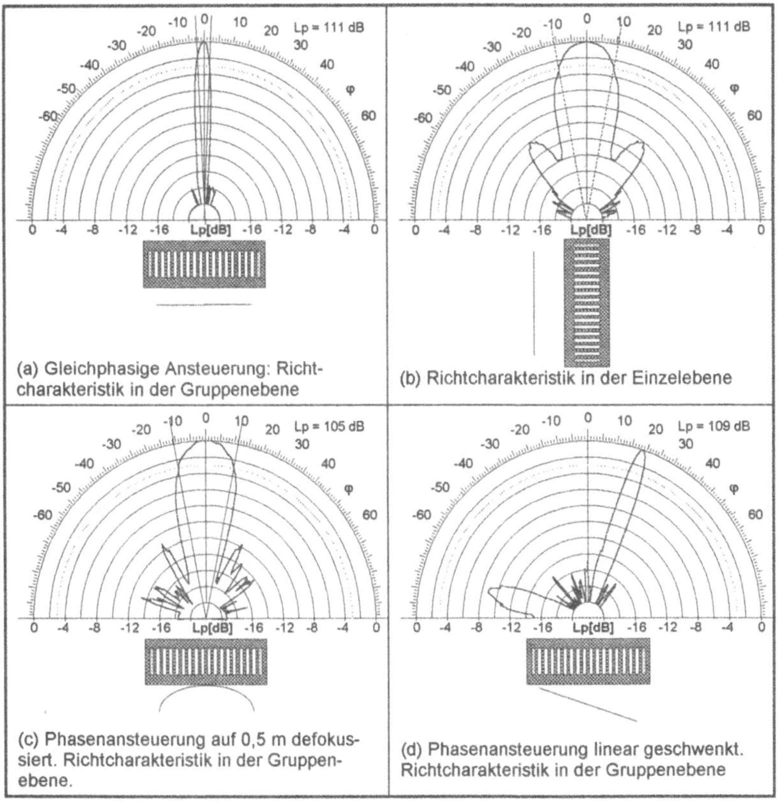

(a) Gleichphasige Ansteuerung: Richtcharakteristik in der Gruppenebene

(b) Richtcharakteristik in der Einzelebene

(c) Phasenansteuerung auf 0,5 m defokussiert. Richtcharakteristik in der Gruppenebene.

(d) Phasenansteuerung linear geschwenkt. Richtcharakteristik in der Gruppenebene

Abb. 7-12: *Erzielte Richtcharakteristiken des Gruppenstrahler-Schallkopfes, gemessen bei $f = 40$ kHz; mit Dolph-Tschebyscheff Amplitudenwichtung (-30 dB)*

7.5 Vergleichende Bewertung

Vergleicht man die Leistungseigenschaften bisher benutzter, bekannter Ultraschallwandler mit den in dieser Arbeit konstruierten Schallköpfen, so ergibt sich das in Abb. 7-13 quantitativ beschriebene Bild mit den folgenden Ergebnissen:

⇒ Der Wandler TR-89 B 40 ist ohne Schallformung nicht sinnvoll benutzbar (Abb. 2-2), weil ausgeprägte Nebenkeulen die Richtcharakteristik dominieren. Er zeichnet sich aber durch einen guten Wirkungsgrad und eine hohe zulässige Ansteuerspannung aus.

⇒ Die Verbindung des TR-89 B 40 mit dem W-Kopf ergibt hingegen eine nebenkeulenarme, breite Richtcharakteristik mit mittlerem Wirkungsgrad.

⇒ Der F-Kopf zeigt bei der gleichen Ansteuerung und identischem Wandler einen extrem hohen Nennschalldruck (> 120 dB). Die in Kap. 3 geforderte Fokussierung und Nebenkeulendämpfung wurde erreicht.

⇒ Der N-Kopf mit dem Betrieb des TR-89 B 40 in einer Oberschwingung zeigt bei Bereinigung der durch die höhere Arbeitsfrequenz bedingten Dämpfungseffekte einen sehr guten Wirkungsgrad und exzellente Nebenkeulendämpfung.

⇒ Der Nippon T40-12 Wandler zeigt einen nur mittleren Wirkungsgrad. Der geringere Einbaudurchmesser macht ihn aber besonders gut geeignet für den Gruppenstrahler-Aufbau. Der GS-Kopf mit 16 solchen Wandlern erzeugt bei einer Tschebyscheff-Amplitudenwichtung einen hohen Nennschalldruck bei sehr guter Nebenkeulendämpfung.

⇒ Bei maximaler Ansteuerspannung aller Wandler (Rechteckbelegung) ist die Fokussierung des GS-Kopfes bei extrem hohem Nennschalldruck mit 1° sehr ausgeprägt.

Schallkopf Typ	**Nenn-Schalldruck Lp[dB]**	**Öffnungs-winkel β[°]**	**Nebenkeulen Dämpfung ΔLp[dB]**	**Elektrische Ansteuerung**
Wandler allein: TR89B40	108,0	25°	.7	40 kHz, 15 Pulse 160 Vpp
W-Kanal	102,5	28°	15	40 kHz, 15 Pulse 160 Vpp
F-Kanal	120,0	5°	18	40 kHz, 15 Pulse 160 Vpp
N-Kanal	106,5		>20	80 kHz, 8 Pulse 160 Vpp
Wandler allein: T40-12	101,0	30°	10	40 kHz, 15 Pulse 10 Vpp
Gruppenstrahler Einzelkanal	90,6	90° | 10°	10	40 kHz, 15 Pulse 160 Vpp
Gruppenstrahler 16 Sendeelemente	111,5	2° | 10°	>18	40 kHz, 15 Pulse Tschebyscheff Amplituden-wichtung ≤100 Vpp
Gruppenstrahler 16 Sendeelemente	130,5	1° | 10°	10	40 kHz, 15 Pulse Rechteck Amplituden-belegung =100 Vpp

Abb. 7-13: *Vergleich der erzielten Leistungseigenschaften der verschiedenen Schallkopf-Typen*

8 Zusammenfassung und Ausblick

Aufgrund der Schlüsselstellung von Ultraschallsensoren in einer Vielzahl von Automatisierungsaufgaben einerseits und bisher unbefriedigender Einsatzerfahrungen andererseits wird mit vorliegender Untersuchung ein Beitrag zur anwendungsoptimierten Auslegung von Ultraschallsensoren erbracht.

Der Schwerpunkt liegt hierbei auf der optimalen Gestaltung der Schallköpfe, die durch geeignete Elektronikfunktionen und Sensordatenverarbeitung in der Zielanwendung ergänzt werden. Es werden die folgenden Schallkopftypen hergeleitet, mit denen eine Vielzahl von Anwendungen erfaßt werden können:

F-Typ: Der fokussierende Schallkopf arbeitet mit hoher Reichweite (bis zu 20 m) und schmalem Erfassungswinkel.

W-Typ: Der weitwinklige Schallkopf dient der Erfassung von Objekten in einem großen Raumbereich.

N-Typ: Der speziell für den Nahbereich ausgelegte Schallkopf erlaubt eine präzise Entfernungsmessung und sichere Objektdetektion von der Frontfläche bis zu 2 m Entfernung. Der Abstrahlwinkel darf nicht zu stark fokussiert sein.

GS-Typ: Der Gruppenstrahler ist gekennzeichnet durch besonders gut erzielbare Nebenkeulendämpfung und die Möglichkeit der trägheitslosen Abtastung (Scannerbauform) von Objekten. Um die geforderte Arbeitsentfernung von bis zu 10 m zu erreichen, ist die Konstruktion von nicht-achsensymmetrischen Einzelstrahlerelementen erforderlich.

Es wird eine Vorgehensweise zur Gestaltung von Schallköpfen erarbeitet und durch den Aufbau einer Baureihe verschiedenste Köpfe mit einer weiten Einsatzspanne geprüft.

Ausgehend von einer detaillierten Analyse der Einsatzbereiche von Ultraschallsensoren werden im Vergleich mit technisch/physikalischen Grenzen die kritischen Punkte und Anforderungen für eine gute Schallkopfkonstruktion abgeleitet. Die verschiedenen Möglichkeiten zum Aufbau von Schallköpfen werden untersucht.

Dabei stellt sich heraus, daß der Einsatz eines Schallkanals unter Verwendung industriell erhältlicher Wandler die aufgestellten Anforderungen am besten erfüllt. Voraussetzung hierfür ist allerdings die Untersuchung einer Reihe von physikalisch/technischen Fragen zum Verständnis der auftretenden Effekte.

Die Schallausbreitung ist durch die Ausbreitung in Gasen und die Reflexion an begrenzenden Flächen mit der Helmholtz-Gleichung beschrieben. An den Grenzflächen kann die Annahme, daß die Normalkomponente der Schallschnelle verschwindet, verwendet werden. Die entstehenden Schallfelder stellen Lösungen der Feldgleichungen dar, die durch die Randbedingungen der Grenzflächen bestimmt werden.

Für die Gestaltung von Schallkanälen ist eine Auslegung der Hornkonstruktionen unter vereinfachenden Annahmen nicht zulässig, denn die Variation der Grenzflächengeometrie bewirkt eine Abweichung der realen Schallfelder von der ebenen Welle oder Kugelwelle. Diese Abweichung kennzeichnet gerade die praxistaugliche Konstruktion.

Der physikalische Weg mit dem Bau und der Vermessung eines Labormusters hat den Vorteil des direkten Praxisbezugs, doch den Nachteil, über die Verhältnisse im Innern des Schallkanals keine direkten Aussagen zu ermöglichen.

Der simulationstechnische Weg visualisiert auch die Schalldruckverteilung im Innern des Schallkanals. Die Verbindung der beiden Verfahren ist durch die geometrischen Abmessungen des Schallkanals und die Abstrahlcharakteristik im Fernfeld gegeben. Es ergibt sich also folgendes Vorgehen:

- Funktionale und konstruktive Trennung von Konstruktionselementen. Aufteilung in Druckkammer, Blende, Trichter und Apertur.
- Vorauswahl von Konstruktionselementen nach den Anwendungsforderungen. Auswahl der Symmetriebedingungen und des Trichtertyps.
- Simulationstechnische Untersuchung der Schallausbreitung unter Einsatz der Boundary-Element-Methode (BEM).
- Experimentelle Untersuchung von Varianteneinflüssen durch Versuchsmusterbau und akustische Vermessung.

Die Anwendung dieser Vorgehensweise führt zu einer Vielzahl ausgeführter Konstruktionsvarianten. Das daraus extrahierte Wissen wird in einem Katalog zusammengestellt, der physikalische Annahmen, gemessene und/oder simulierte Beispiele und daraus abgeleitete Regeln zur konstruktiven Gestaltung der Schallkopf-Elemente enthält.

Die Verifizierung der Vorgehensweise geschieht durch eine Reihe ausgeführter Schallkopfkonstruktionen, die den zu Beginn der Arbeit aufgestellten Schallkopftypen entsprechen.

Mit den hier entwickelten Standardkonstruktionen lassen sich eine Vielzahl von Anwendungen direkt erfassen. Aufbauend auf dem Regelkatalog können auch neue Schallkopfvarianten entworfen werden, so daß bei einer neuen Zielanwendung ein optimaler Satz von Schallköpfen eingesetzt werden kann.

Zur Untersuchung von Reflektorkonstruktionen und Reflektor/Schallkanal-Kombinationen kann die Vorgehensweise verwendet werden. Schallkopfkonstruktionen mit Reflektoraufbau ermöglichen insbesondere die Realisierung nicht-achsensymmetrischer Meßbereiche, sowie besonders robuste, wettergeschützte Bauformen.

Als zukünftiges Forschungsthema bietet sich an, das vorhandene Wissen um die Schallausbreitungsvorgänge und die Schallreflexion in Verbindung mit einer intelligenten Sensordatensteuerung und Sensordatenverarbeitung zu bringen. Damit sind auch heute technisch nicht machbare Wahrnehmungsaufgaben zu erfüllen.

Als Beispiel für das in diesem Sensorprinzip enthaltene Optimierungspotential sei abschließend der Vergleich der Navigationsfähigkeiten einer Fledermaus mit den bekannten Bewegungsmöglichkeiten eines autonomen mobilen Roboters genannt.

9 Literaturverzeichnis

/abele_86/ Abele, E.; Ahrens, U.; Drunk, G.:
Application of ultrasonic sensors for handling tasks with industrial robots.
In: 16th International Symposium on Industrial Robots, 30.Sept. - 2. Okt. 1986, Brüssel.
Berlin u.a.: Spinger, 1986, S. 469 - 481

/ahrens_85/ Ahrens, U.:
Möglichkeiten und Probleme der Anwendung von Luft-Ultrasensoren in der Montage- und Handhabungstechnik.Teil 1 u. 2.
In: Robotersysteme 1 (1985) Nr. 1, S. 19-28 und 1 (1985) Nr. 4. S. 203-210

/ahrens_86a/ Ahrens, U.; Langen, A.:
Ultraschallscanner - Ein neues System zur Roboterführung.
In: VDI-Berichte (1986) Nr. 598, S. 337-350

/ahrens_86b/ Ahrens, U.; Drunk, G.; Langen, A.:
Sensorschnittstellen für Robotersteuerungen.
In: Robotersysteme 2 (1986) Nr. 1, S. 37-45

/arai_83/ Arai, T.; Nakano, E.:
Development of measuring equipment for location and direction (MELODI) using ultrasonic waves.
In: Transactions of the ASME 105 (1983) Sept., S. 152-156

/ballantine_27/ Ballantine, S.:
On the Propagation of Sound in the General Bessel Horn of Infinite Length.
In: Journal of the Franklin Institute 203 (1927), S. 85-103

/ballhaus_81/ Ballhaus, H.:
Berührungslose Abtastung der Kontur stehender oder bewegter Fördergurtoberflächen mit Ultraschall.
In: Messen und Prüfen 17 (1981), S. 830-833

/benade_85/ Benade, A. H.; Larson, C. O.:
Requirements and techniques for measuring the musical spectrum of the clarinet.
In: The Journal of the Acoustical Society of America 78 (1985) Nr. 5, S. 1475-1499

/biehl_83/ Biehl, K.-E.:
Ultraschall-Entfernungssensor.
In: Elektronik 33 (1983) Nr. 26, S. 113-115

/biehl_88/ Biehl, K.-E.; Müller-Gronau, M.:
Ultraschall-Systeme für die industrielle Objekterfassung und -klassifizierung.
In: Technisches Messen 55 (1988) Nr. 10, S. 367-376

/björnö_88/ Björnö, L.:
Ultrasonic Sensors; Sensors and Sensory Systems for Advanced Robots.
In: Sensors and Sensory Systems for Advanced Robots, NATO Advanced Research Workshop. Maratea, Italy, April 28 - May 3, 1986.
Berlin u.a.: Springer, 1988, S. 309-339

/brigham_74/ Brigham, E.O.:
The Fast Fourier Transform.
Englewood Cliffs, New Jersey: Prentice-Hall, 1974

/bronstein_87/ Bronstein, I.N.; Semendjajew, K.A.:
Taschenbuch der Mathematik.
Thun, Frankfurt/Main: Harri Deutsch, 1987

/brosze_58/ Brosze, O.:
Leitfaden zur Berechnung von Schallvorgängen.
2., neubearb. Aufl., Berlin u.a.: Springer, 1958

/brown_85/ Brown, M. K.:
Feature Extraction Techniques for Recognizing Solid Objects with an Ultrasonic Range Sensor.
In: IEEE Journal of Robotics and Automation 1 (1985) Nr. 4, S. 191-205

/cremer_85/ Cremer, L.:
Vorlesungen über technische Akustik.
Berlin u.a.: Springer, 1971

/crowley_85/ Crowley, J. L.:
Dynamic World Modeling for an Intelligent Mobile Robot Using a Rotating Ultra-Sonic Ranging Device.
Pittsburgh, Penn.: Carnegie-Mellon-Univ., Robotics Institute, 1985

/dance_78/ Dance, B.:
Ultraschall-Schranken und ihre Schranken.
In: Elektronik 37 (1987) Nr. 13, S. 55-60

/din_1320/ Norm DIN 1320 E. 04.90:
Akustik, Grundbegriffe

/din_45630/ Norm DIN 45630 T.1 12.71 u. T.2 09.67:
Grundlagen der Schallmessung

/din_5493/ Norm DIN 5493. 10.82:
Logarithmische Größenverhältnisse, Pegel, Maße

/dorf_84/ Dorf, R.C.; Nezamfar, A.:
A Robot Ultrasonic Sensor for Object Recognition.
In: Robots 8 Conference Proceedings, June 4-7, 1984, Detroit, Vol. 2, S. 21/44-21/55

/drumheller_85/	Drumheller, M.: Mobile Robot Localization Using Sonar. In: IEEE Transactions on Pattern Analysis and Machine Intelligence 9 (1987) Nr. 2, S. 325-332
/drunk_86/	Drunk, G.: Sensoren führen den Roboter in neue Bereiche. In: VDI-Nachrichten 40 (1986) Nr. 43, S. 38-39
/drunk_87/	Drunk, G.: Mobiler Autonomer Roboter fährt ohne Draht: Sensoren und Wegmeßsysteme führen ohne Leitlinie; automatische Flexibilität in der Werkstatt. In: VDI-Nachrichten 41 (1987) Nr. 13, S. 76
/drunk_90/	Drunk, G.: Sensor- und Steuerungssystem für die leitlinienlose Führung automatischer Flurförderfahrzeuge. Berlin u.a.: Springer, 1990 Zugl. Stuttgart, Univ., Diss., 1990
/du_85/	Du, G.; Breazeale, M.A.: The ultrasonic field of a Gaussian transducer. In: The Journal of the Acoustical Society of America 76 (1985) Nr. 12, S. 2083-2086
/eissler_82/	Eissler, W.: Sensoren auf Ultraschall- und Mikrowellenbasis. In: Konstrukteur (1982) Nr. 4, S. 112-118 und (1982) Nr. 5, S. 18-30
/eissler_89/	Eissler, W.; Köhnlechner, R.: Praktischer Einsatz von berührungslos arbeitenden Sensoren. In: Eissler, W. u.a. (Hrsg.): Praktischer Einsatz von berührungslos arbeitenden Sensoren. Ehningen: Expert-Verlag, 1989, S. 1-12
/fleischer_88/	Fleischer, H.: Fourier-Akustik: Beschreibung der Schallstrahlung von ebenen Schwingern mit Hilfe der räumlichen Fourier-Methode. Düsseldorf: VDI-Verlag, 1988
/freehafer_40/	Freehafer, J. E.: An Acoustical Impendance of an Infinite Hyperbolic Horn. In: The Journal of the Acoustical Society of America 11 (1940) S. 467-476
/garwood_88/	Garwood, R.H.: Noncontact Presence Sensing: What Works Where and Why In: Sensors (1988) Nr. 8, S. 19-36
/gebhardt_82/	Gebhardt, W.; Bonitz, F.; Woll, H.: Defect reconstruction and classification by phased arrays.

/geddes_89/	Geddes, E. R.: Acoustic Waveguide Theory. In: Journal of the Audio Engineering Society 37 (1989) Nr. 7/8, S. 554-569
/hanna_77/	Hanna, C.R.; Slepian, J.: The Function and Design of Horns for Loudspeakers. In: Journal of the Audio Engineering Society 25 (1977), S. 573-585
/hübner_86/	Hübner, G.: Schallabstrahlungsberechnung mit der Direkten Finite Elemente Methode. Bremerhaven: Wirtschaftsverlag NW, 1986
/kagawa_74/	Kagawa, Y.; Yamabuchi, T.: Finite Element Simulation of Two-Dimensional Electromechanical Resonators. In: IEEE Transactions on Sonics and Ultrasonics 21 (1974) Nr. 4, S. 275-283
/kamal_81/	Kamal, M. M.; Wolf, J. A.: Finite Element Applications in Acoustics. New York: The American Society of Mechanical Engineers, 1981
/kay_85/	Kay, L.: Airborne ultrasonic imaging of a robot work space. In: Sensor Review 5 (1985) Nr. 1, S. 8-12
/keele_75/	Keele, D.B. Jr.: What's So Sacred about Exponential Horns. In: Journal of the Audio Engineering Society 23 (1975), S. 492
/kleinschmidt_85/	Kleinschmidt, P.; Magori, V.: Ultrasonic Robotic-Sensors for exact short range distance measurement. In: Proceedings of the IEEE Ultrasonics Symposium, San Francisco, 16.-18.10.1985, S. 457-462
/knight_87/	Knight, J.; Dixon, H.; Wybrow, M.: Ultrasonic Distance Measuring and Imaging Systems for Industrial Robots. In: Robotics 3 (1987), S. 181-188
/kossoff_66/	Kossoff, G.: The effects of backing and matching on the performance of piezoelectric ceramic transducers. In: IEEE Transactions on Sonics and Ultrasonics 13 (1966) Nr. 1, S. 20-30
/krautkrämer_75/	Krautkrämer, J.; Krautkrämer, H.: Werkstoffprüfung mit Ultraschall. Berlin u.a.: Springer, 1975

/krisch_84/ Krisch, L.:
Hochgenaue Ultraschall-Distanzmessung.
In: Versuchs- und Forschungsingenieur (1984) Nr. 5, S. 54-58

/kuroda_83/ Kuroda, S.; Jitsumori, A.; Inari, T.:
Ultrasonic imaging system for robots using an electronic scanning method.
In: Robotica 2 (1983), S. 47-53

/kuttruff_88/ Kuttruff, H.:
Physik und Technik des Ultraschalls.
Stuttgart: Hirzel, 1988

/kuttruff_89/ Kuttruff, H.; Schanz, V.:
Formung der Richtcharacteristik von Ultraschallwandlern aus Polyvinylfluorid (PVDF).
In: Acustica 68 (1989), S. 200-208

/langen_90/ Langen, A.; Ahrens, U.; Vasiliadis, N.:
Ultra-Schallsensor. Patent DE 3916632 A (1990-11-29), Fraunhofer-Gesellschaft zur Förderung der angewandten Forschung, München

/langer_86/ Langer, H.-J.:
Ein Auge für Roboter-Greifarme. Hochauflösender Ultraschallsensor.
In: Elektronik Journal (1986) Nr. 13/14, S. 80-82

/löschberger_88/ Löschberger, J.; Magori, V.:
Luft-Ultraschall-Sensoren mit lateraler Auflösung für Robotik Anwendungen.
In: VDI Berichte (1988) Nr.677 , S. 21-24

/martin_88/ Martin, J. F.; Marsh, K.; Richardson, J. M.:
Acoustic imaging in three dimensions.
In: Sensors and Sensory Systems for Advanced Robots, NATO Advanced Research Workshop. Maratea, Italy, April 28 - May 3, 1986.
Berlin u.a.: Springer, 1988, S. 341-359

/marwadi_49/ Marwadi, O. K.:
Generalized Solutions of Webster's Horn Equation.
In: The Journal of the Acoustical Society of America 21 (1949), S. 323-330

/millner_87/ Millner, R.:
Ultraschalltechnik, Grundlagen und Anwendungen.
Leipzig: Physik Verlag, 1987

/moon_88/ Moon, P.; Spencer, D. E.:
Field Theory Handbook. 3. Aufl., Berlin: Springer, 1988

/münzing_82/ Münzing, H.-C.:
Distanz-Sensor für große Schaltabstände.
In: Elektrotechnische Zeitschrift 103 (1982) Nr. 10, S. 518-519

/nit_92/ Numerical Integration Technologies N.V.:
Sysnoise Revision 4.4 - Theoretical Manual. Leuven, 1992 - Firmenschrift

/o'neil_49/ O'Neil, H. T.:
Theory of Focussing Radiators.
In: The Journal of the Acoustical Society of America 21 (1949) Nr. 5, S. 516-526

/reichardt_68/ Reichardt, W.:
Grundlagen der technischen Akustik.
Leipzig: Akademische Verlagsgesellschaft, 1968

/richardson_53/ Richardson, E.G.:
Technical Aspects of Sound.
Amsterdam u.a.: Elsevier, 1953

/rieländer_82/ Rieländer, M. M.:
Reallexikon der Akustik.
Frankfurt/Main: Bochinsky, 1982

/rossi_88/ Rossi, Mario:
Acoustics and electroacoustics.
Norwood: Artech, 1988

/salamon_86/ Salamon, R.:
Analyse und Entwurfsverfahren von Mehrelemente-Ultraschallschwingern.
In: Messen Steuern Regeln 29 (1986) Nr. 2, S. 76-80 und 29 (1986) Nr. 4, S. 155-161

/salmon_46/ Salmon, V.:
Generalized Plane Wave Horn Theory.
In: The Journal of the Acoustical Society of America 17 (1946) Nr. 3, S. 199-211

/schoch_50/ Schoch, A.:
Schallreflexion, Schallbrechung und Schallbeugung.
Berlin, u.a.: Springer, 1950

/schraft_89/ Schraft, R.D.:
Systemdenken und leistungsfähigere Sensoren fördern Industrierobotereinsatz.
In: Verband Deutscher Maschinen- und Anlagenbau (Hrsg.): Fertigungstechnik und Automatisierung. Frankfurt/Main: Maschinenbau Verlag, 1992

/schraft_92/ Schraft, R.D.; Herkommer, T.F.; Schweigert, U.:
Dienstleistungsroboter und Sensoranwendungen stehen im Vordergrund.
In: Maschinen im Spiegel: Präzision im Spiegel 14 (1992) Nr. 4, S. 39-41

/spur_84/	Spur, G.; Krause, F.-L.: CAD-Technik. München, Wien: Hanser, 1984
/skolnik_68/	Skolnik, M.I.: Radar Handbook. New York u.a.: McGraw-Hill, 1968
/stenzel_34/	Stenzel, H.: Lautsprecher. In: Waetzmann, E. (Hrsg.): Technische Akustik. Leipzig: Akademischer Verlag, 1934
/tarnoczy_65/	Tarnoczy, T.: Sound Focussing Lenses and Waveguides. In: Ultrasonics (1965) Nr. 7-9, S. 115-120
/thomas_84/	Thomas, C.: Berührungslos arbeitende Abstandssensoren in der Landtechnik. In: Grundlagen der Landtechnik 34 (1984) Nr. 3, S. 125-132
/warnecke_88/	Warnecke, H.-J.; Langen, A.: New ultrasonic sensors for robotic application based on beam forming. In: Proceedings of the 7th International Conference on Robot Vision and Sensory Controls, 2.- 4. Feb. 1988 in Zürich. Kempston, Bedford: IFS Publ., 1988, S. 149-160
/warnecke_90/	Warnecke, H.-J.; Schraft, R.D.: Industrieroboter: Handbuch für Industrie und Wissenschaft. Berlin, u.a.: Springer, 1990
/webster_19/	Webster, A. G.: Acoustical Impedance and the Theory of Horns and of the Phonograph. In: Proceedings of the National Academy of Sciences of the United States of America 5 (1919), S. 275-282
/willard_49/	Willard, G. W.: Focusing Ultrasonic Radiators. In: The Journal of the Acoustical Society of America 21 (1949) Nr. 4, S. 360-365
/zemanek_71/	Zemanek, J.: Beam Behavior within the Nearfield of a Vibrating Piston. In: The Journal of the Acoustical Society of America 49 (1971) Nr. 1, S. 181-191

IPA Forschung und Praxis

Schriftenreihe aus dem Institut für Produktionstechnik und Automatisierung, Stuttgart

Herausgeber: Prof. Dr.-Ing. H. J. Warnecke

Datenerfassung im Produktionsbereich
Von E. Bendeich. ISBN 3-7830-0117-8.
1977, 176 Seiten, kartoniert. 54,— DM

Methodenauswahl für die Materialbewirtschaftung in Maschinenbau-Betrieben
Von H. Graf. ISBN 3-7830-0136-6.
1977, 144 Seiten, kartoniert. 54,— DM

Systematische Auswahl von Förderhilfsmitteln für den innerbetrieblichen Materialfluß
Von W. Rau. ISBN 3-7830-0139-0.
1977, 103 Seiten, kartoniert. 40,— DM

Grundlagen zur Planung von Ersatzteilfertigungen
Von E. Schulz. ISBN 3-7830-0138-2.
1977, 98 Seiten, kartoniert. 40,— DM

Rechnerunterstützte Fabrikplanung
Von B. Minten. ISBN 3-7830-0116-1.
1977, 124 Seiten, kartoniert. 38,— DM

Eine Planungsmethode für automatische Montagesysteme
Von H.-G. Löhr. ISBN 3-7830-0120-X.
1977, 108 Seiten, kartoniert. 32,— DM

Planung und Bewertung von Arbeitssystemen in der Montage
Von H. Metzger. ISBN 3-7830-0131-5.
1977, 108 Seiten, kartoniert. 40,— DM

Klassifizierungssystem für Prüfmittel der industriellen Längenprüftechnik
Von R. Czetto. ISBN 3-7830-0144-7.
1978, 181 Seiten, kartoniert 64,— DM

Rechnerunterstützte Montageplanung
Von O. Hirschbach. ISBN 3-7830-0149-8.
1978, 146 Seiten, kartoniert. 52,— DM

Rechnerunterstützte Entwicklung von Simulationsmodellen für Unternehmensplanspiele
Von A. Moker. ISBN 3-7830-0147-1.
1978, 181 Seiten, kartoniert 64,— DM

Arbeitsplatzanalysen zur Ermittlung der Einsatzmöglichkeiten und Anforderungen an Industrieroboter
Von G. Herrmann. ISBN 37830-0151-X.
1978, 113 Seiten, kartoniert. 40,— DM

MFSP — Ein Verfahren zur Simulation komplexer Materialflußsysteme
Von G. Stemmer. ISBN 3-7830-0118-8.
1977, 140 Seiten, kartoniert. 60,— DM

Berührungslose Erkennung durch Positionsbestimmung von Objekten durch inkohärent-optische Korrelation
Von M. Konig. ISBN 3-7830-0137-4.
1977, 110 Seiten, kartoniert. 40,— DM

Auslegung von Störungspuffern in kapitalintensiven Fertigungslinien
Von R. v. Stetten. ISBN 3-7830-0140-4.
1977, 154 Seiten, kartoniert 56,— DM

Flexible Transportablaufsteuerung
Von G. Romer. ISBN 3-7830-0114-5.
1977, 188 Seiten, kartoniert. 60,— DM

Rechnergestützte Realplanung von Fabrikanlagen
Von T.-K. Sauter. ISBN 3-7830-0119-6
1977, 108 Seiten, kartoniert. 32,— DM

Systematisches Auswählen und Konzipieren von programmierbaren Handhabungsgeräten
Von R. D. Schraft. ISBN 3-7830-0115-3
1977, 108 Seiten, kartoniert. 32,— DM

Auslandsproduktion
Von W. Cypris. ISBN 3-7830-0145-5.
1978, 126 Seiten, kartoniert. 42,— DM

Wirtschaftlicher Einsatz von Mehrkoordinatenmeßgeräten
Von M. Dietzsch. ISBN 3-7830-0148-X
1978, 142 Seiten, kartoniert 52,— DM

Fertigungssteuerung bei flexiblen Arbeitsstrukturen
Von K.-G. Lederer. ISBN 3-7830-0146-3.
1978, 128 Seiten, kartoniert. 42,— DM

Untersuchungen zum Polieren und Entgraten durch elektrochemisches Oberflächenabtragen
Von K. Zerweck. ISBN 3-7830-0150-1.
1978, 110 Seiten, kartoniert. 40,— DM

Stufenweise Ableitung eines praktischen Planungssystems für den Entwicklungsbereich
Von R. Hichert. ISBN 3-7830-0149-8.
1978, 151 Seiten, kartoniert — 52,— DM

Produktionsplanung mit Auftragsfamilien
Von U. W. Geitner. ISBN 3-7830-0161-7
1979, 110 Seiten, kartoniert — 45,— DM

Thermisch-chemisches Entgraten
Von T. Wagner. ISBN 3-7830-0164-1
1979, 111 Seiten, kartoniert. — 45,— DM

Untersuchung der Materialflußkosten bei ausgewählten Systemen der Zentralen Arbeitsverteilung
Von R. Wenzel. ISBN 3-7830-0162-5
1979, 168 Seiten, kartoniert — 86,— DM

Anpassung und Einführung eines Planungssystems für die Ablaufplanung im Konstruktionsbereich
Von W. Dangelmaier. ISBN 3-7830-0163-3
1979, 168 Seiten, kartoniert — 80,— DM

Längenmessungen an bewegten Teilen mit berührungslos wirkenden Aufnehmern
Von H. Lang. ISBN 3-7830-0157-9
1979, 89 Seiten, kartoniert — 42,— DM

Untersuchung multistabiler Strömungselemente und ihr Einsatz in sequentiellen Steuerungen
Von A. Ernst. ISBN 3-7830-0157-9
1979, 122 Seiten, kartoniert — 48,— DM

Taktile Sensoren für programmierbare Handhabungsgeräte
Von M. Schweizer. ISBN 3-7830-0158-7
1979, 91 Seiten, kartoniert. — 42,— DM

Die rechnerunterstützte Prüfplanung
Von P. Blasing. ISBN 3-7830-0152-8
1979, 100 Seiten, kartoniert — 44,— DM

Verfahren zur Fabrikplanung im Mensch-Rechner-Dialog am Bildschirm
Von W. Ernst. ISBN 3-7830-0156-0
1979, 218 Seiten, kartoniert — 72,— DM

Rechnerunterstütztes Verfahren zur Leistungsabstimmung von Mehrmodell-Montagesystemen
Von M. Gorke. ISBN 3-7830-0155-2
1979, 139 Seiten, kartoniert — 50,— DM

Standortbezogene Betriebsmittel
Von G. Pflieger. ISBN 3-7830-0167-6
1979, 127 Seiten, kartoniert — 52,— DM

Die betriebswirtschaftliche Beurteilung neuer Arbeitsformen
Von B.-H. Zippe. ISBN 3-7830-0168-4
1979, 350 Seiten, kartoniert — 98,— DM

Untersuchung des Arbeitsverhaltens programmierbarer Handhabungsgeräte
Von B. Brodbeck. ISBN 3-7830-0169-2
1979, 117 Seiten, kartoniert — 48,— DM

Untersuchung eines kohärent-optischen Verfahrens zur Rauheitsmessung
Von N. Rau. ISBN 3-7830-0174-9
1979, 117 Seiten, kartoniert — 48,— DM

Entwicklung einer programmierbaren, pneumatischen Steuerung
Von D. Klemenz. ISBN 3-7830-0171-4
1979, 93 Seiten, kartoniert — 42,— DM

IPA Forschung und Praxis

Berichte aus dem Fraunhofer-Institut für Produktionstechnik und Automatisierung, Stuttgart, und dem Institut für Industrielle Fertigung und Fabrikbetrieb der Universität Stuttgart

Herausgeber: Prof. Dr.-Ing. H. J. Warnecke

---

38 **Arbeitsgangterminierung mit variabel strukturierten Arbeitsplänen — Ein Beitrag zur Fertigungssteuerung flexibler Fertigungssysteme**
Von U. Maier. ISBN 3-540-10213-2
1980, 111 Seiten mit 45 Abbildungen. 43,— DM

39 **Kapazitätsabgleich bei flexiblen Fertigungssystemen**
Von P. S. Nieß. ISBN 3-540-10372-4
1980, 151 Seiten mit 57 Abbildungen 48,— DM

40 **Schichtdickenverteilung auf galvanisierten Paßteilen am Beispiel kleiner abgesetzter Wellen und Bohrungen**
Von D. Wolfhard. ISBN 3-540-10373-2.
1980, 177 Seiten mit 83 Abbildungen 48,— DM

41 **Planung von Mehrstellenarbeit unter Berücksichtigung von Umfeldaufgaben**
Von S. Haußermann. ISBN 3-540-10374-0
1980, 136 Seiten mit 59 Abbildungen 48,— DM

42 **Untersuchungen zur Schmierfilmdicke in Druckluftzylindern — Beurteilung der Abstreifwirkung und des Reibungsverhaltens von Pneumatikdichtungen mit Hilfe eines neu entwickelten Schmierfilmdicken-meßverfahrens**
Von R. Kohnlechner. ISBN 3-540-10375-9
1980, 100 Seiten mit 38 Abbildungen und 4 Tabellen 43,— DM

43 **Typologie zum überbetrieblichen Vergleich von Fertigungssteuerungsverfahren im Maschinenbau**
Von G. Rabus. ISBN 3-540-10376-7
1980, 174 Seiten mit 88 Abbildungen und 21 Tafeln 48,— DM

44 **System zur Planung des Umlaufbestandes in Betrieben mit Serienfertigung**
Von K.-G. Wilhelm. ISBN 3-540-10377-5
1980, 142 Seiten mit 67 Abbildungen und 15 Tafeln 48,— DM

45 **Rechnerunterstützte Arbeitsplanerstellung mit Kleinrechnern, dargestellt am Beispiel der Blechbearbeitung**
Von W. Hoheisel. ISBN 3-540-10505-0
1981, 169 Seiten mit 74 Abbildungen. 48,— DM

46 **Beitrag zur Verbesserung der Wirtschaftlichkeit EDV-unterstützter Fertigungssteuerungssysteme durch Schwachstellenanalyse**
Von J. Lienert. ISBN 3-540-10506-9
1981, 148 Seiten mit 37 Abbildungen 48,— DM

47 **Die Abscheidung von Öl an Entlüftungsöffnungen drucklufttechnischer Anlagen**
Von W.-D. Kiessling. ISBN 3-540-10604-9
1981, 117 Seiten mit 48 Abbildungen und 3 Tabellen 43,— DM

48 **Dynamische Optimierung technisch-ökonomischer Systeme**
Von J. Warschat. ISBN 3-540-10717-7
1981, 132 Seiten mit 60 Abbildungen 43,— DM

49 **Bildsensor zur Mustererkennung und Positionsmessung bei programmierbaren Handhabungsgeräten**
Von H. Geißelmann. ISBN 3-540-10735-5
1981, 125 Seiten mit 52 Abbildungen 43,— DM

50 **Verfügbarkeitsberechnung für komplexe Fertigungseinrichtungen**
Von Ekkehard Gericke. ISBN 3-540-10779-7.
1981, 132 Seiten mit 71 Abbildungen. 43,— DM

51 **Materialflußgestaltung in Fertigungssystemen**
Von Willi Rößner. ISBN 3-540-10888-2
1981, 149 Seiten mit 76 Abbildungen. 48,— DM

52 **Beitrag zur Analyse der Auswirkungen der Mikroelektronik, dargestellt am Beispiel der Büromaschinen-Industrie**
Von Werner Neubauer. ISBN 3-540-10991-9.
1981, 145 Seiten mit 27 Abbildungen und 47 Tabellen 43,— DM

53 **Modelle von Informationssystemen zur kurzfristigen Fertigungssteuerung und ihre Gestaltung nach betriebsspezifischen Gesichtspunkten**
Von Roland Gentner. ISBN 3-540-10992-7.
1981, 181 Seiten mit 69 Abbildungen und 7 Tabellen. 48,— DM

54 **Entwicklung von Verfahren zur Terminplanung und -steuerung bei flexiblen Montagesystemen**
Von Jurgen H. Kolle. ISBN 3-540-11227-8
1981, 132 Seiten mit 64 Abbildungen und 1 Faltplan 43,— DM

55 **Arbeits- und Kapazitätsteilung in der Montage**
Von Stefan Dittmayer. ISBN 3-540-11228-6
1981, 124 Seiten und 56 Abbildungen 43,— DM

56 **Beitrag zur systematischen Planung der Qualitätsprüfung bei Klein- und Mittelserienfertigung**
Von Herbert Babic. ISBN 3-540-11325-8
1982, 108 Seiten mit 38 Abbildungen und 7 Tabellen. 53,— DM

57 **Methode zur rechnerunterstützten Einsatzplanung von programmierbaren Handhabungsgeräten**
Von Uwe Schmidt-Streier. ISBN 3-540-11355-X.
1982, 188 Seiten mit 72 Abbildungen. 53.– DM

58 **Werkstoff- und Energiekennwerte industrieller Lackieranlagen, am Beispiel der Automobilindustrie**
Von Rainer Manfred Thiel. ISBN 3-540-11356-8.
1982, 116 Seiten mit 59 Abbildungen. 53.– DM

59 **Maßnahmen zum Verbessern der pneumatischen Lackzerstäubung – Teilchengrößenbestimmung im Spritzstrahl –**
Von Klaus Werner Thomer. ISBN 3-540-11507-2.
1982, 162 Seiten mit 94 Abbildungen und 1 Tabelle. 53.– DM

60 **Ermittlung und Bewertung von Rationalisierungsmaßnahmen im Produktionsbereich**
Von Jürgen Schilde. ISBN 3-540-11730-X.
1982, 158 Seiten mit 57 Abbildungen. 53.– DM

61 **Untersuchung von Verfahren der Reihenfolgeplanung und ihre Anwendung bei Fertigungszellen**
Von Mohamed Osman. ISBN 3-540-11747-4.
1982, 124 Seiten mit 32 Abbildungen und 3 Tabellen. 53.– DM

62 **Ein Simulationsmodell zur Planung gruppentechnologischer Fertigungszellen**
Von Volker Saak. ISBN 3-540-11747-4.
1982, 134 Seiten mit 53 Abbildungen. 53.– DM

63 **Verfahren zur technischen Investitionsplanung automatisierter Fertigungsanlagen**
Von Günter Vettin. ISBN 3-540-11747-4.
1982, 134 Seiten mit 63 Abbildungen. 53.– DM

64 **Pneumatische Sensoren zur prozeßsimultanen Messung des Werkzeugverschleißes und zur Kollisionsvermeidung beim Messerkopffräsen**
Von Wolfgang Jentner. ISBN 3-540-11747-4.
1982, 126 Seiten mit 47 Abbildungen und 6 Tabellen. 53.– DM

65 **Rechnerunterstützte Gestaltung ortsgebundener Montagearbeitsplätze, dargestellt am Beispiel kleinvolumiger Produkte**
Von Eberhard Haller. ISBN 3-540-12015-7.
1982, 130 Seiten mit 43 Abbildungen. 53.– DM

66 **Fernsehüberwachung von Schutzgasschweißvorgängen mit abschmelzender Elektrode MIG – MAG**
Von Ruprecht Niepold. ISBN 3-540-12181-7.
1983, 178 Seiten mit 73 Abbildungen und 5 Tabellen. 58.– DM

67 **Entwicklung flexibler Ordnungssysteme für die Automatisierung der Werkstückhandhabung in der Klein- und Mittelserienfertigung**
Von Karl Weiss. ISBN 3-540-12455-1.
1983, 116 Seiten mit 68 Abbildungen. 58.– DM

68 **Automatisierte Überwachungsverfahren für Fertigungseinrichtungen mit speicherprogrammierten Steuerungen**
Von Werner Eißler. ISBN 3-540-12456-X.
1983, 128 Seiten mit 66 Abbildungen. 58.– DM

69 **Prozeßüberwachung beim Galvanoformen**
Von Jürgen Wilhelm Böcker. ISBN 3-540-12457-8.
1983, 118 Seiten mit 32 Abbildungen. 58.– DM

70 **LAPEX – Ein rechnerunterstütztes Verfahren zur Betriebsmittelzuordnung**
Von Stephan Mayer. ISBN 3-540-12490-X.
1983, 162 Seiten mit 34 Abbildungen und 2 Tabellen. 58.– DM

71 **Gestaltung eines integrierten Produktionssystems für die Sortenfertigung unter Einsatz der Clusteranalyse**
Von Gerald Weber. ISBN 3-540-12650-3.
1983, 194 Seiten mit 54 Abbildungen. 58.– DM

72 **Gußputzen mit sensorgeführten, programmierbaren Handhabungsgeräten**
Von Eberhard Abele. ISBN 3-540-12651-1.
1983, 133 Seiten mit 66 Abbildungen. 58,– DM

73 **Untersuchungen zur Herstellung und zum Einsatz galvanogeformter Erodierelektroden**
Von Harald Müller. ISBN 3-540-12822-0.
1983, 148 Seiten mit 78 Abbildungen. 58,– DM

74 **Ein Beitrag zur Optimierung der Prozeßführungsstrategien automatisierter Förder- und Materialflußsysteme**
Von Hans Steffens. ISBN 3-540-12968-5.
1983. 161 Seiten mit 60 Abbildungen. 58,– DM

75 **Entwicklung eines Verfahrens zur wertmäßigen Bestimmung der Produktivität und Wirtschaftlichkeit von Personalentwicklungsmaßnahmen in Arbeitsstrukturen**
Von Christian Müller. ISBN 3-540-13041-1.
1983. 129 Seiten mit 34 Abbildungen. 58,– DM

76 **Berechnung der Gestaltänderung von Profilen infolge Strahlverschleiß**
Von Wolfgang Marx. ISBN 3-540-13054-3.
1983. 121 Seiten mit 58 Abbildungen. 58,– DM

77 **Algorithmen zur flexiblen Gestaltung der kurzfristigen Fertigungssteuerung**
Von Rudolf E. Scheiber. ISBN 3-540-13500-6.
1984, 150 Seiten mit 73 Abbildungen und 1 Tabelle. 63.– DM

78 **Galvanisieren mit moduliertem Strom**
Von Jürgen Wolfgang Mann. ISBN 3-540-13733-5.
1984, 145 Seiten und 58 Abbildungen. 63,– DM

79 **Fluoreszenzmeßverfahren zur Schmierfilmdickenmessung in Wälzlagern**
Von Wolfgang Schmutz. ISBN 3-540-13777-7.
1984, 141 Seiten und 66 Abbildungen. 63,– DM

IPA-IAO Forschung und Praxis

Berichte aus dem Fraunhofer-Institut für Produktionstechnik und Automatisierung (IPA), Stuttgart, Fraunhofer-Institut für Arbeitswirtschaft und Organisation (IAO), Stuttgart, und Institut für Industrielle Fertigung und Fabrikbetrieb der Universität Stuttgart

Herausgeber: Prof. Dr.-Ing. H. J. Warnecke und Prof. Dr.-Ing. H.-J. Bullinger

---

80 **Flexibilität und Kapazität von Werkstückspeichersystemen**
Von Bernhard Graf. ISBN 3-540-13970-2.
1984, 115 Seiten mit 71 Abbildungen. 63,– DM

T1 **Flexible Fertigungssysteme**
17. IPA-Arbeitstagung zusammen mit der 3. Internationalen Konferenz „Flexible Manufacturing Systems (FMS-3)", ISBN 3-540-13807-2.
1984, 249 Seiten mit zahlreichen Abbildungen. 118,– DM

T2 **Integrierte Bürosysteme**
3. IAO-Arbeitstagung. ISBN 3-540-13978-8.
1984, 633 Seiten mit zahlreichen Abbildungen. 168,– DM

81 **Rechnerunterstützte Planung von Montageablaufstrukturen für Erzeugnisse der Serienfertigung**
Von Ernst-Dieter Ammer. ISBN 3-540-15056-0.
1985, 120 Seiten mit 1 Faltblatt und 33 Abbildungen. 63,– DM

82 **Flexibilität von personalintensiven Montagesystemen bei Serienfertigung**
Von Heinrich Vähning. ISBN 3-540-15093-5.
1985, 152 Seiten mit 49 Abbildungen. 63,– DM

83 **Ordnen von Werkstücken mit programmierbaren Handhabungsgeräten und Werkstückerkennungssensoren**
Von Ingo Schmidt. ISBN 3-540-15375-6.
1985, 111 Seiten mit 66 Abbildungen 63,– DM

84 **Systematische Investitionsplanung**
Von Jorge Moser. ISBN 3-540-15370-5.
1985, 190 Seiten mit 69 Abbildungen 63,– DM

T3 **Montage · Handhabung · Industrieroboter**
Internationaler MHI-Kongreß im Rahmen der Hannover-Messe '85 ISBN 3-540-15500-7.
1985, 267 Seiten mit zahlreichen Abbildungen. 128,– DM

85 **Flexible Montagesysteme – Konzeption und Feinplanung durch Kombination von Elementen**
Von Peter Konold / Bernd Weller. ISBN 3-540-15606-2
1985, 162 Seiten mit 71 Abbildungen und 9 Tabellen. 63,– DM

T4 **Menschen · Arbeit · Neue Technologien**
4. IAO-Arbeitstagung zusammen mit der 2. Internationalen Konferenz „Human Factors in Manufacturing". ISBN 3-540-15763-8.
1985, 442 Seiten mit zahlreichen Abbildungen 168,– DM

86 **Leitstandunterstützte kurzfristige Fertigungssteuerung bei Einzel- und Kleinserienfertigung**
Von Lothar Aldinger. ISBN 3-540-15903-7
1985, 151 Seiten mit 49 Abbildungen und 2 Tabellen. 63,– DM

87 **Bestimmen des Bürstenverhaltens anhand einer Einzelborste**
Von Klaus Przyklenk. ISBN 3-540-15956-8.
1985, 117 Seiten mit 74 Abbildungen 63,– DM

88 **Montage großvolumiger Produkte mit Industrierobotern**
Von Jörg Walther. ISBN 3-540-16027-2.
1985, 125 Seiten mit 58 Abbildungen. 63,– DM

89 **Algorithmen und Verfahren zur Erstellung innerbetrieblicher Anordnungspläne**
Von Wilhelm Dangelmaier. ISBN 3-540-16144-9.
1986, 268 Seiten mit 79 Abbildungen. 68,– DM

90 **Bewertung der Instandhaltung von Fertigungssystemen in der technischen Investitionsplanung**
Von Hagen U. Uetz ISBN 3-540-16166-X
1986, 129 Seiten mit 38 Abbildungen. 68,– DM

91 **Entgraten durch Hochdruckwasserstrahlen**
Von Manfred Schlatter ISBN 3-540-16172-4.
1986, 167 Seiten mit 89 Abbildungen und 18 Tabellen 68,– DM

92 **Werkstückorientierte Verfahrensauswahl zum Gußputzen mit Industrierobotern**
Von Wolfgang Sturz. ISBN 3-540-16224-0.
1986, 156 Seiten mit 59 Abbildungen. 68,– DM

93 **Verfahren zur Verringerung von Modell-Mix-Verlusten in Fließmontagen**
Von Reinhard Koether ISBN 3-540-16499-5
1986, 175 Seiten mit 46 Abbildungen und 1 Tabelle 68,– DM

94 **Entwicklung und Einsatz eines interaktiven Verfahrens zur Leistungsabstimmung von Montagesystemen**
Von Günter Schad ISBN 3-540-16978-4.
1986, 120 Seiten mit 31 Abbildungen und 1 Tabelle 68,– DM

95 **Qualifizierung an Industrierobotern**
Von Wolfgang Bachl. ISBN 3-540-17018-9.
1986, 218 Seiten mit 30 Abbildungen. 68,– DM

96 **Rechnersimulation des Beschichtungsprozesses beim Elektrotauchlackieren – Anwendung zum Berechnen des Umgriffs**
Von Otto Baumgärtner. ISBN 3-540-17102-9.
1986, 113 Seiten mit 42 Abbildungen. 68,– DM

97 **Ergonomische Gestaltung von Rotationsstellteilen für grob- und sensomotorische Tätigkeiten**
Von Werner F. Muntzinger. ISBN 3-540-17247-5.
1986, 135 Seiten mit 51 Abbildungen und 33 Tabellen. 68,– DM

98 **Die optische Rauheitsmessung in der Qualitätstechnik**
Von R.-J. Ahlers. ISBN 3-540-17242-4.
1986, 133 Seiten mit 56 Abbildungen und 2 Tabellen. 68,– DM

99 **Maschinelle Spracherkennung zur Verbesserung der Mensch-Maschine-Schnittstelle**
Von Gerhard Rigoll. ISBN 3-540-17350-1.
1986, 134 Seiten mit 55 Abbildungen. 68,– DM

100 **Konzeption und Auswahl modularer Magazinpaletten**
Von Thomas Zipse. ISBN 3-540-17584-9.
1987, 126 Seiten mit 54 Abbildungen. 68,– DM

101 **Anschlüsse an Kupferrohre – Herstellung und Automatisierungsmöglichkeit**
Von Eberhard Rauschnabel. ISBN 3-540-17807-4.
1987, 120 Seiten mit 88 Abbildungen. 68,– DM

102 **Mengen- und ablauforientierte Kapazitätsplanung von Montagesystemen**
Von Hans Sauer. ISBN 3-540-17815-5.
1987, 156 Seiten mit 64 Abbildungen. 68,– DM

103 **Verfahrensinstrumentarium zur Werkstückauswahl und Auslegung von Industrieroboterschweißsystemen**
Von Herbert Gzik. ISBN 3-540-17928-3.
1987, 138 Seiten mit 56 Abbildungen. 68,– DM

104 **Integration von Förder- und Handhabungseinrichtungen**
Von Joachim Schuler. ISBN 3-540-17955-0.
1987, 153 Seiten mit 61 Abbildungen. 68,– DM

105 **Produktionsmengen- und -terminplanung bei mehrstufiger Linienfertigung**
Von H. Kühnle. ISBN 3-540-18038-9.
1987, 124 Seiten mit 25 Abbildungen. 68,– DM

106 **Untersuchung des Plasmaschneidens zum Gußputzen mit Industrierobotern**
Von Jong-Oh Park. ISBN 3-540-18037-0.
1987, 142 Seiten mit 70 Abbildungen. 68,– DM

107 **Fügen von biegeschlaffen Steckkontakten mit Industrierobotern**
Von Daegab Gweon. ISBN 3-540-18134-2.
1987, 115 Seiten mit 13 Abbildungen. 68,– DM

108 **Entwicklung eines biomechanischen Modells des Hand-Arm-Systems**
Von Georgios Tsotsis. ISBN 3-540-18135-0.
1987, 163 Seiten mit 45 Abbildungen. 68,– DM

109 **Ein Beitrag zur Planungssystematik für die automatisierte flexible Blechteilefertigung**
Von Thomas Weber. ISBN 3-540-18136-9.
1987, 149 Seiten mit 56 Abbildungen. 68,– DM

110 **Entwicklung eines Meßverfahrens zur Bestimmung des Positionier- und Orientierungsverhaltens von Industrierobotern**
Von Günter Schiele. ISBN 3-540-18137-7.
1987, 116 Seiten mit 48 Abbildungen. 68,– DM

111 **Schwingungsbelastung beim Arbeiten mit handgeführten, einachsigen Motormähgeräten**
Von Peter Kern. ISBN 3-540-18193-8.
1987, 145 Seiten mit 43 Abbildungen und 5 Tabellen. 68,– DM

112 **Entwicklung eines berührungslosen Tastsystems für den Einsatz an Koordinatenmeßgeräten**
Von Hie-Sik Kim. ISBN 3-540-18578-X.
1987, 111 Seiten mit 62 Abbildungen und 4 Tabellen. 68,– DM

113 **Qualifizierung an Industrierobotern – Ziele, Inhalte und Methoden**
Von Volker Korndörfer. ISBN 3-540-18618-2.
1987, 318 Seiten mit 100 Abbildungen. 68,– DM

114 **Funktional und räumlich variables und modulares Laborgerätesystem**
Von Alfred Mack. ISBN 3-540-18786-3.
1988, 116 Seiten mit 39 Abbildungen. 73,– DM

115 **Produktrecycling im Maschinenbau**
Von Rolf Steinhilper. ISBN 3-540-18849-5.
1988, 167 Seiten mit 50 Abbildungen. 73,– DM

116 **Integration der montagegerechten Produktgestaltung in den Konstruktionsprozeß**
Von Rudolf Bäßler. ISBN 3-540-19058-9.
1988, 133 Seiten mit 49 Abbildungen. 73,– DM

117 **Ein Algorithmus zur kapazitätsorientierten Bildung von Losen**
Von Tilmann Greiner. ISBN 3-540-19300-6.
1988, 135 Seiten mit 37 Abbildungen. 73,– DM

118 **Kabelbaummontage mit Industrierobotern**
Von Gerd Schlaich. ISBN 3-540-19301-4.
1988, 131 Seiten mit 62 Abbildungen. 73,– DM

119 **Beitrag zur Verbesserung der Fertigungskostentransparenz bei Großserienfertigung mit Produktvielfalt**
Von Albrecht Köhler. ISBN 3-540-19393-6.
1988, 148 Seiten mit 72 Abbildungen. 73,– DM

120 **Entwicklungs- und Planungshilfen zum Aufbau von flexiblen Ordnungssystemen**
Von Rainer Schanz. ISBN 3-540-19394-4.
1988, 104 Seiten mit 48 Abbildungen. 73,– DM

121 **Bestücken von Leiterplatten mit Industrierobotern**
Von Ernst Wolf. ISBN 3-540-50013-8.
1988, 132 Seiten mit 63 Abbildungen. 73,– DM

122 **Verschleißvorgänge beim Querschneiden dünner Bahnen**
Von Thomas Hülsmann. ISBN 3-540-50049-9.
1988, 126 Seiten mit 47 Abbildungen und 5 Tabellen. 73,– DM

123 **Geometrieprüfung in der Fertigungsmeßtechnik mit bildverarbeitenden Systemen**
Von Claus P. Keferstein. ISBN 3-540-50050-2.
1988, 128 Seiten mit 53 Abbildungen. 73,– DM

124 **Modulares Simulationsmodell für die Abläufe in verketteten Fertigungszellen mit Industrierobotern**
Von Kum-Hoan Kuk. ISBN 3-540-50069-3.
1988, 130 Seiten mit 57 Abbildungen. 73,– DM

125 **Montage von Schläuchen mit Industrierobotern**
Von Bruno Frankenhauser. ISBN 3-540-50072-3.
1988, 139 Seiten mit 63 Abbildungen. 73,– DM

126 **Kommissioniersystem mit Roboter und Mehrstückgreifer**
Von Klaus Baumeister. ISBN 3-540-50133-9.
1988, 104 Seiten mit 53 Abbildungen. 73,– DM

127 **Sensorunterstütztes Programmierverfahren für das Entgraten mit Industrierobotern**
Von Dieter Boley. ISBN 3-540-50175-4.
1988, 128 Seiten mit 67 Abbildungen. 73,– DM

128 **Die Arbeitsraumgestaltung manueller Montagearbeitsplätze mit graphischen und wissensbasierten Methoden**
Von Klaus Lay. ISBN 3-540-50259-9.
1988, 129 Seiten mit 50 Abbildungen und 7 Tabellen. 73,– DM

129 **Automatisierung des Biegerichtens**
Von Stefan Thiel. ISBN 3-540-50432-X.
1988, 142 Seiten mit 57 Abbildungen und 5 Tabellen. 73,– DM

130 **Rechnergestützte Verfahren zur Auslegung der Mechanik von Industrierobotern**
Von Martin-Christoph Wanner. ISBN 3-540-50640-3.
1989, 202 Seiten mit 80 Abbildungen. 73,– DM

131 **Entwicklung eines bestandsorientierten Fertigungssteuerungssystems für die Großserienfertigung am Beispiel des Automobilbaus**
Von G. Hachtel. ISBN 3-540-50639-X.
1989, 163 Seiten mit 34 Abbildungen und 6 Tabellen. 73,– DM

132 **Ergonomische Gestaltung der Benutzerschnittstelle am Antriebssystem des Greifreifenrollstuhls**
Von Ludwig Traut. ISBN 3-540-50877-5.
1989, 210 Seiten mit 127 Abbildungen. 73,– DM

133 **Planung taktzeitoptimierter flexibler Montagestationen**
Von Joachim Schöninger. ISBN 3-540-50896-1.
1989, 122 Seiten mit 47 Abbildungen. 73,– DM

134 **Ein Modell für ein integriertes Qualitäts- und Prüfplanungssystem in der Montage**
Von Josef R. Kring. ISBN 3-540-51195-4.
1989, 140 Seiten mit 60 Abbildungen. 73,– DM

135 **Fertigungsstrukturierung auf der Basis von Teilefamilien**
Von Manfred Auch. ISBN 3-540-51290-X.
1989, 138 Seiten mit 34 Abbildungen. 73,– DM

136 **Kollisionsbehandlung als Grundbaustein eines modularen Industrieroboter-Off-line-Programmiersystems**
Von Andreas Altenhein. ISBN 3-540-51418-X.
1989, 129 Seiten mit 53 Abbildungen. 73,– DM

137 **Ein Beitrag zur Planung und Bewertung Neuer Arbeitsstrukturen in NE-Metallgießereien Dargestellt am Beispiel der Fertigungsinsel**
Von Horst Nespeta. ISBN 3-540-51419-8.
1989, 157 Seiten mit 58 Abbildungen. 73,– DM

138 **Verfahren zur Prüfung der Partikelkontamination in Versorgungssystemen für hochreine Flüssigkeiten**
Von Rolf Herz. ISBN 3-540-51457-0.
1989, 123 Seiten mit 61 Abbildungen. 73,– DM

139 **Messung gekrümmter Flächen mit berührungslosen Verfahren**
Von Leo Schreiber. ISBN 3-540-51493-7.
1989, 119 Seiten mit 72 Abbildungen. 73,– DM

140 **Automatisiertes Lackieren mit steuerbaren Spritzpistolen**
Von Konrad A. Ortlieb. ISBN 3-540-51518-6.
1989, 121 Seiten mit 45 Abbildungen. 73,– DM

141 **Grundlagen zur Entwicklung reinraumtauglicher Handhabungssysteme**
Von Jürgen Geißinger. ISBN 3-540-51959-9.
1989, 124 Seiten mit 82 Abbildungen. 73,– DM

142 **CAD-Video-Somatographie**
Entwicklung und Bewertung einer Methode zur anthropometrischen Arbeitsgestaltung
Von Dieter Lorenz. ISBN 3-540-52163-1.
1989, 169 Seiten mit 61 Abbildungen. 73,– DM

143 **Eine Systemarchitektur für die Gestaltung und das Management verteilter Informationssysteme**
Von Andreas J. Ness. ISBN 3-540-52224-7.
1990, 203 Seiten mit 62 Abbildungen. 78,– DM

144 **Untersuchungen über den optisch-physiologischen Eindruck der Oberflächenstruktur von Lackfilmen**
Von Horst Schene. ISBN 3-540-52226-3.
1990, 149 Seiten mit 106 Abbildungen. 78,– DM

145 **Planungsmethodik für ein Qualitätskostensystem**
Von Alfred Rauba. ISBN 3-540-52477-0.
1990, 166 Seiten mit 73 Abbildungen. 78,– DM

146 **Kleinserienbestückung von Leiterplatten mit bedrahteten Bauelementen durch Industrieroboter**
Von Martin Domm. ISBN 3-540-52867-9.
1990, 106 Seiten mit 48 Abbildungen. 78,– DM

147 **Sensor- und Steuerungssystem für die leitlinienlose Führung automatischer Flurförderzeuge**
Von Gerhard Drunk. ISBN 3-540-53033-9.
1990, 135 Seiten mit 52 Abbildungen. 78,– DM

148 **Ein System zur wissensbasierten Diagnose an CNC-Werkzeugmaschinen durch den Maschinenbediener**
Von Klaus-Peter Fähnrich. ISBN 3-540-53034-7.
1990, 132 Seiten mit 48 Abbildungen und 18 Tabellen. 78,– DM

149 **Werkstückbegleitender Informationsspeicher als Basis für ein informationstechnisches Konzept für Halbleiterfertigungen**
Von Klaus-Dieter Sauter. ISBN 3-540-53236-6.
1990, 115 Seiten mit 55 Abbildungen. 78,– DM

150 **Ein Planungsverfahren zur Erkennung und Bewältigung von Material- und Kapazitätsengpässen bei mehrstufiger Linienfertigung**
Von Ralf-Michael Fuchs. ISBN 3-540-53271-4.
1990, 176 Seiten mit 65 Abbildungen. 78,– DM

151 **Montage von Schrauben mit Industrierobotern**
Von Gernot E. Fischer. ISBN 3-540-53519-5.
1990, 97 Seiten mit 37 Abbildungen. 78,– DM

152 **Flächenorientierte Termin- und Kapazitätsplanung bei innerbetrieblicher Baustellenfertigung**
Von Rolf Schlauch. ISBN 3-540-53584-5.
1990, 130 Seiten mit 53 Abbildungen. 78,– DM

153 **Wissensbasierte Entscheidungsunterstützung bei der Auswahl von Industrierobotern**
Von Günter Jordan. ISBN 3-540-53744-9.
1991, 116 Seiten mit 49 Abbildungen. 78,– DM

154 **Simulationssystem für Fertigungsprozesse mit Stückgutcharakter**
Ein gegenstandsorientiertes System mit parametrisierter Netzwerkmodellierung
Von Bernd-Dietmar Becker. ISBN 3-540-53847-X.
1991, 162 Seiten mit 48 Abbildungen und 47 Tabellen. 78,– DM

155 **Algorithmen der Sprachverarbeitung zur Entwicklung eines vollsynthetischen Sprachausgabesystems**
Von Gerhard Rigoll. ISBN 3-540-53870-4.
1991, 321 Seiten mit 235 Abbildungen. 78,– DM

156 **Wissensbasierte CAD-Systemkomponente zum Entwurf montagegerechter Produkte**
Von Ralph Richter. ISBN 3-540-54725-8.
1991, 137 Seiten mit 56 Abbildungen. 78,– DM

157 **Heftschweißverfahren für das Lagefixieren von Werkstücken beim Schutzgasschweißen mit Industrierobotern**
Von Carsten Martin Claussen. ISBN 3-540-54951-X.
1991, 140 Seiten mit 43 Abbildungen. 78,– DM

158 **Ein Beitrag zur Meßdatenverarbeitung in der Koordinatenmeßtechnik**
Von Thomas Garbrecht. ISBN 3-540-55030-5.
1991, 135 Seiten mit 94 Abbildungen und 5 Tabellen. 78,– DM

159 **Ein Beitrag zur Planung und Optimierung der Verfahrensteilung in der Fertigung**
Von Hans-Peter Roth. ISBN 3-540-55113-1.
1992, 130 Seiten mit 50 Abbildungen. 78,– DM

160 **Flexible Montage von Leitungssätzen mit Industrierobotern**
Von Herbert H. Emmerich ISBN 3-540-55227-8.
1992, 135 Seiten mit 70 Abbildungen. 88,– DM

161 **Toleranzausgleichssysteme für Industrieroboter am Beispiel des feinwerktechnischen Bolzen-Loch-Problems**
Von Uwe Schweigert ISBN 3-540-55228-6.
1992, 119 Seiten mit 61 Abbildungen. 88,– DM

162 **Entwicklung eines interaktiven Simulators auf der Basis von Petri-Netzen zur Modellierung und Bewertung hybrider Montagestrukturen**
Von W. Schweizer ISBN 3-540-55229-4.
1992, 159 Seiten mit 76 Abbildungen. 88,– DM

163 **Entwicklung eines Verfahrens zur rechnerunterstützten Gestaltung verteilter Informationssysteme**
Von Friedemann Reim ISBN 3-540-55269-3.
1992, 151 Seiten mit 43 Abbildungen. 88,– DM

164 **EDV-gestützte Planungs- und Entscheidungshilfen zur Auslegung von Produktionsstrukturen mit strukturkostenoptimierten Dezentralen Verantwortungsbereichen**
Von Ulrich Hallwachs ISBN 3-540-55477-7.
1992, 186 Seiten mit 66 Abbildungen. 88,– DM

165 **Strömungstechnische Auslegung reinraumtauglicher Fertigungseinrichtungen**
Von Elmar Degenhart ISBN 3-540-55478-5.
1992, 137 Seiten mit 72 Abbildungen. 88,– DM

166 **Synthese und Simulation dreidimensionaler Hand-Arm-Bewegungen an manuellen Montagearbeitsplätzen**
Von Raimund Menges ISBN 3-540-55752-0.
1992, 215 Seiten mit 70 Abbildungen. 88,– DM

167 **Bewertung inhomogener fraktaler Strukturen und Skalenanalyse von Texturen**
Von Uwe Müssigmann ISBN 3-540-55796-2.
1992, 99 Seiten mit 43 Abbildungen. 88,– DM

168 **Ein Informationssystem für Instandhaltungsleitstellen**
Von Wilfried Sihn ISBN 3-540-55853-5.
1992, 167 Seiten mit 67 Abbildungen. 88,– DM

169 **Verfahren zum automatischen Palettieren von quaderförmigen Packstücken im beliebigen Sortenmix**
Von Walter Michael Strommer ISBN 3-540-55922-1.
1992, 105 Seiten mit 47 Abbildungen. 88,– DM

170 **Planung der Kinematik von Industrierobotersystemen zum Schutzgasschweißen im Schiffbau**
Von Wolfgang Utner ISBN 3-540-55923-X.
1992, 134 Seiten mit 31 Abbildungen und 3 Tabellen. 88,– DM

171 **Montage von Pressverbindungen mit Industrierobotern**
Von Günther Würtz ISBN 3-540-56300-8.
1992, 124 Seiten mit 55 Abbildungen. 88,– DM

172 **Rationalisierungspotential der montagegerechten Produktgestaltung bei der Montage mit Industrierobotern**
Von Thomas Schmaus ISBN 3-540-56400-4.
1992, 122 Seiten mit 55 Abbildungen. 88,– DM

173 **Erhöhung der Variantenflexibilität in Mehrmodell-Montagesystemen durch ein Verfahren zur Leistungsabstimmung**
Von Felix Fremerey ISBN 3-540-56549-3.
1993, 150 Seiten mit 38 Abbildungen und 6 Tabellen. 88,– DM

174 **Automatische Montage von O-Ringen**
Von Johannes F. Wößner ISBN 3-540-56657-0.
1993, 94 Seiten mit 43 Abbildungen. 88,– DM

175 **Systeme kombinierter multimodaler Mensch-Rechner-Interaktionen**
Von Karl-Heinz Hanne ISBN 3-540-56687-2.
1993, 131 Seiten mit 46 Abbildungen. 88,– DM

176 **Regelbasiertes Verfahren zur Montageablaufplanung in der Serienfertigung**
Von Klaus Thaler ISBN 3-540-56829-8.
1993, 132 Seiten mit 63 Abbildungen. 88,– DM

177 **Rechnergestütztes Bediensystem für einen Telemanipulator zur Sanierung von gemauerten Abwasserkanälen**
Von Kurt Alexander Schließmann ISBN 3-540-56875-1.
1993, 135 Seiten mit 57 Abbildungen und 7 Tabellen. 88,– DM

178 **Konturantastende und optoelektronische Koordinatenmeßgeräte für den industriellen Einsatz**
Von Wolfgang Rauh ISBN 3-540-56876-X.
1993, 124 Seiten mit 43 Abbildungen. 88,– DM

179 **Konzeption für ein Sensor- und Steuerungssystem zur automatischen Führung eines Walzenschrämladers entlang der Grenzlinie von Kohle und Nebengestein**
Von Stephan Matthias Forster ISBN 3-540-57159-0.
1993, 147 Seiten mit 63 Abbildungen. 88,– DM

180 **Ein dreidimensionales Bildverarbeitungssystem für die Automatisierung visueller Prüfvorgänge**
Von Jianzhong Lu ISBN 3-540-57160-4.
1993, 113 Seiten mit 45 Abbildungen und 2 Tabellen. 88,– DM

181 **Erschließung technischer und organisatorischer Potentiale durch die Komplettbearbeitung auf Drehmaschinen mit Hilfe der Teileanalyse**
Von Helmut Schaal ISBN 3-540-57212-0.
1993, 126 Seiten mit 42 Abbildungen und 2 Tabellen. 88,– DM

182 **Prüfverfahren zur Untersuchung der Partikelreinheit technischer Oberflächen**
Von Bernhard Klumpp ISBN 3-540-57302-X.
1993, 108 Seiten mit 50 Abbildungen. 88,– DM

183 **Automatisierung der Justage von Drehankerrelais**
Von G. Krüll ISBN 3-540-57303-8.
1993, 113 Seiten mit 59 Abbildungen. 88,– DM

184 **Prozeßstrukturen der chemischen Vernickelung**
Von Hans Gut ISBN 3-540-57304-6.
1993, 108 Seiten mit 37 Abbildungen und 5 Tabellen. 88,– DM

185 **Ein Verfahren zur Konstruktion anwendungoptimierter Ultraschallsensoren auf der Basis von Schallkanälen**
Von Achim Langen ISBN 3-540-57376-3.
1993, 140 Seiten mit 72 Abbildungen. 88,– DM

GPSR Compliance

The European Union's (EU) General Product Safety Regulation (GPSR) is a set of rules that requires consumer products to be safe and our obligations to ensure this.

If you have any concerns about our products, you can contact us on ProductSafety@springernature.com

In case Publisher is established outside the EU, the EU authorized representative is:

Springer Nature Customer Service Center GmbH
Europaplatz 3
69115 Heidelberg, Germany

Batch number: 10844639

Printed by Printforce, the Netherlands